世界一役に立つ
図解 数と数字の本

小宮山博仁 監修

三笠書房

◆はじめに……

数と数字のコツがわかれば「頭の回転」も速くなる!

私たちは日常生活のさまざまな場面で、「数と数字」を目にしています。

最近では、新型コロナウイルスの感染者数という「数と数字」を通じて、私たちはパンデミックの感染力の恐ろしさを体感し、その対処法を学びました。

つまり、**「数と数字」は、私たちに単に「数量」だけでなく、何らかのメッセージを効果的に伝えてくれる道具**なのです。「降水確率10%」「本日限り15%引き!」といった日常的な文言にも、「数と数字」のメッセージが隠されているのです。

ただ、「数と数字」には、見方、使い方のちょっとしたコツがあります。

そのコツをおもしろく、わかりやすく解説したのが、この本なのです。

たとえば、「世の中を動かしている78対22の法則」「コンビニが700円にこだわる理由」など、**そのコツを知れば、役に立つだけでなく、得をすることもあります。さらには、知れば知るほど「頭の回転」まで速くなるのです。**

そのような「数と数字」の力を、この本で体験していただければ幸いです。

小宮山博仁

世界一役に立つ　図解　数と数字の本

もくじ

第1章　世界一役に立つ！「数と数字」基本の基本

Contents

第2章

読むだけで頭がよくなる！「数と数字」の話

Contents

第3章 つい誰かに話したくなる！「数と数字」の雑学

Contents

第4章 楽しくて役に立つ！ 教養としての「数と数字」

Contents

第5章 お金に強くなる！「数と数字」考え方のコツ

Contents

第6章 頭の回転がさらに速くなる！「分数」の話

Contents

本文DTP／松下隆治
編集協力／オフィス・スリー・ハーツ

第1章

世界一役に立つ!「数と数字」基本の基本

① 12時・12カ月……「12」という数字の謎

◆「12進法」と「10進法」のなぜ

1年が12カ月、干支(えと)の数が12、1ダースが12本と、日常生活ではなぜか、12をひとつの単位にしているものがあふれています。どうしてこれほど多くの場面で12がひとつの単位として使われているのでしょうか。

「12」という数字は、実は使い勝手が良い数字とされていました。「12」という数字の起源は、古代エジプトの暦や時間の数え方にあります。

暦の登場はいろいろな説がありますが、紀元前3000年頃と言われています。古代エジプトの文書の中で、最も古いものが時計に関する記録です。

そこには1日を昼と夜に分け、それぞれを12に区切った日時計のことが書かれています。古代エジプト人は天体の満ち欠けは神の影響によるものであると信じ、月は1年という時間をかけて地球の周りを12回転することを発見しました。

図解 「12進法」って何？

ダース	干支	カレンダー

1ダースは **12本**	干支の数は **12**	1年は **12カ月**

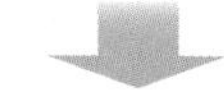

12をひとつの単位にしているものが多い

日常生活でよく目にする12という数

［極めて便利］ ⇐ **12** ⇒ ［美しい数字］

12でひとつの単位 ― 12進法

12という数字の起源は古く、古代エジプト時代に遡ります。12という数は暦や時間に大きな影響を与えました

「12」はなんと「神の数字」だった!?

1年を12カ月とし、さらに月の満ち欠けの1周期が30日であることから、ひと月は30日になりました。さらに1日を午前と午後に分けてそれぞれを12時間と細分化し、現在私たちが日常生活で使っている、暦や時間の原型が完成したとされています。

古代の天文学において、占星術は神の領域であるという考え方が基礎となっていたため、占星術は政治（古代中国や日本では陰陽師（おんみょうじ）など）などに大きな影響を与えていました。

今でも日常生活において12をひとつの単位にするものが多く存在しているのは、当時、神の存在を信じていた人たちのなごりの可能性が高いのです。

「いち・に…」は中国の数字の読み方だった？

1・2…という数字を多くの人は「いち・に…」と読みます。これは奈良〜平安時代に中国から伝わった読み方です。

図解 12時・12カ月……「12」という数字の謎

10進法とは

1が10個集まる	10が10個集まる	100が10個集まる
10	100	1000

10 → 100 → 1000

10ずつ集まると次の位に移っていくモノの数え方を10進法といいます。10進法は生活に密着しています！

12進法の世界

1が12個集まる1ダース → 1ダースが12個集まる1グロス

1ダース　　1グロス

ダースとグロスとの間には12進法の関係があります。長さの単位で1フィート＝12インチも12進法です

2 世の中を動かす「78対22の法則」とは?

◆「ユダヤの法則」って何?

世の中には不思議な数字や割合が潜んでいるものです。

その中のひとつに、**「78対22の法則」という「ユダヤの法則」があります。**ユダヤ商法にはある法則が存在しています。そして、その法則を支えているものが「ユダヤの法則」であり、それは宇宙の大法則と言われています。人間がどうあがいても曲げることができない宇宙の大法則。そのユダヤ商法がその大法則に支えられている限り、彼らは決して〝損〟をしないと考えられていたのです。

「78対22の法則」としては、地球は海の比率78%に対して陸が22%です。人間の身体は水分78%に対してその他が22%。空気中の成分は窒素が78%に対して、酸素や二酸化炭素などが22%。コカ・コーラの瓶は縦と横の比率が78対22など、例をあげたらきりがありません。

図解 すごい「ユダヤの法則」とは？

サンキューセット

78対22の法則

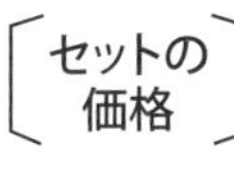

〔セットの価格〕

〔500円硬貨を出したときのおつり〕

390円　　110円

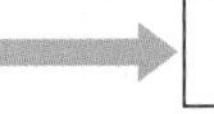

390円と110円の数字の関係に注目！

390：110	→	78：22

マクドナルドのサンキューセットの価格とおつりの間には「78：22の法則」が隠されていたのです！

〔もし人体が水分60%その他40%だったら〕

〔もし空気が窒素60%酸素40%だったら…〕

人は生きていけません！

「マクドナルドのヒット商品」と数字の関係

日本マクドナルドの創業者である、藤田田(でん)さんは「78対22の法則」を使って成功を収めました。500円硬貨が出回った頃、マクドナルドでは「サンキューセット」という390円のメニューを発売し、大人気となりました。

500円硬貨を使い、このセットを購入すると、おつりは110円となります。**商品の価格390円とおつりの110円との比率が、78対22となっています。**

「78対22の法則」は、大自然の宇宙の法則です。

例えば、人間が人工的に窒素60、酸素40の空間を作り出すと、人間はそのような空間では生活できず、人体の水分が60になれば、人間は死んでしまいます。「78対22の法則」は真理の法則なのです。

ひとくちメモ **「つるかめ算」は元々は「きじうさぎ算」だった？**

つるかめ算の原型は4世紀頃の中国で生まれ、鶴の代わりに「きじ」、亀の代わりに「うさぎ」を使ってました。

図解 世の中を動かす「78対22の法則」とは?

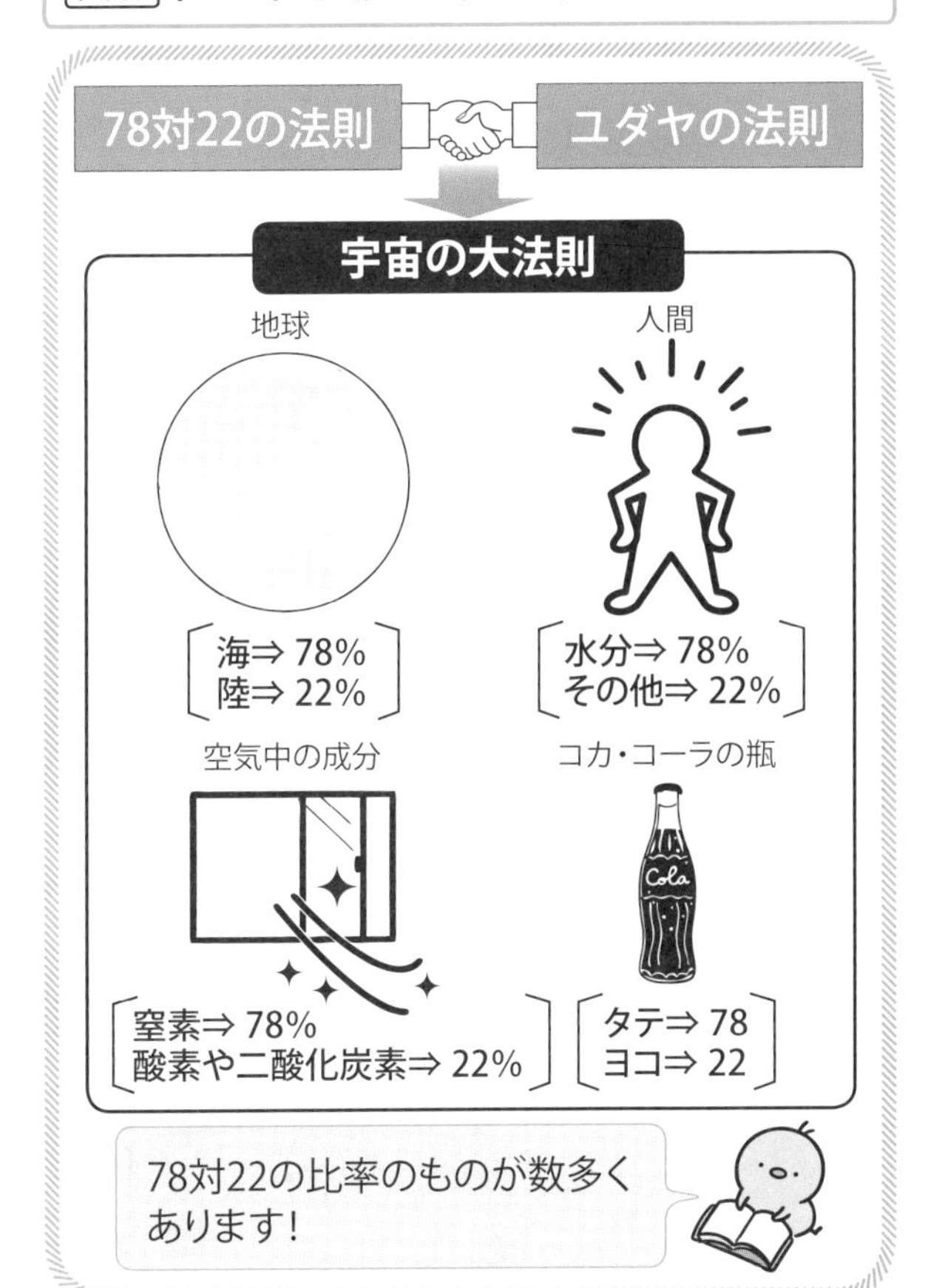

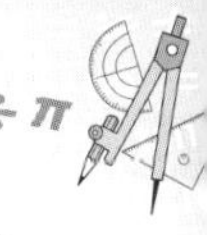

「÷」が通用するのは、世界で3カ国だけ

◆「わり算の記号」の不思議

当たり前のように使っている「÷」という記号ですが、実はこの「÷」は世界に目を向けると、使っている国が少ないのです。

日本が承認している世界196カ国（日本含む）の中では、主に日本、アメリカ、イギリスの3カ国のみ（他はタイなど）に限られています。**すなわち「÷」という記号は、ほとんどの国では使っていないのが現状なのです。**

どうして日本では少数派の「÷」の記号を使っているのでしょうか。

それはイギリスの数学者ニュートンが数式で除算（わる）を表す記号として「÷」を使い、その影響をアメリカが受け、アメリカ文化と一緒に日本に伝わってきたからです。万有引力の発見で有名なニュートンが「÷」という記号を使っていたという理由から、日本人が「÷」という記号を使っているとは驚きです。

図解 「わり算の記号」の不思議

微分・積分を最初に発見したのは誰？

ニュートン　VS　ライプニッツ

〈1642〜1727年〉

私が先だ！

いや私だ！

〈1646〜1716 年〉

（微分・積分を発見したのはどちらなのか…。国を巻き込んでの論争にまで発展することになりました！）

ニュ--トンは

「÷」を使用

ライプニッツは

「：」「／」を使用

欧州は「：」「／」

［除算の記号として「÷」「：」「／」などがある］

微分・積分論争で除算の記号は多様化しました。日本はニュートンの影響を受け「÷」を使用しています！

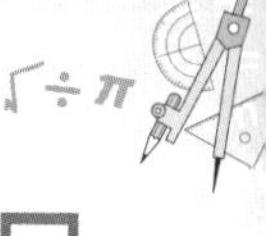

「日英米の3カ国だけ」なぜ、違うの？

当時イギリスの「÷」に対し、欧州では「:」や「/」を使っていました。「÷」や「:」「/」がバラバラに使われ始めることになってしまったのは、高校数学で耳にしたことがある「微分・積分」に関係があります。

「微分・積分」はニュートンが最初に発見したとされていますが、「微分・積分」に関する論文を最初に発表したのがドイツのライプニッツだったため、彼が最初の発見者ではないかと言われるようになりました。

どちらが最初の発見者なのか、ニュートン側のイギリスとライプニッツ側の欧州という、国を巻き込んだ論争にまで発展してしまいました。そのため「わり算」の記号も複数存在することになりました。

ひとくちメモ　江戸時代のかけ算九九は「81」ではなく「36」だった？

江戸時代の数学書『塵劫記（じんこうき）』ではかけ算九九を81通りから36通りに集約したものが紹介され広まったといいます。

図解 「÷」が通用するのは、世界で3カ国だけ

÷を除算の記号としている主な国

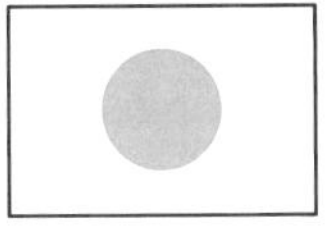
日本

アメリカ

イギリス

〔世界のほとんどの国は、除算の記号として÷を使っていません!〕

イギリス

アメリカ

〔イギリスの数学者ニュートン〕

〔ニュートンの影響を受けた〕

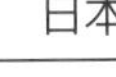
日本

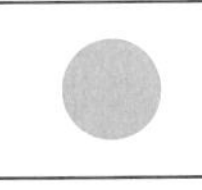

〔アメリカの影響を受けた〕

日本が÷という記号を使っているのは、ニュートンが÷を使っていたのがアメリカ経由で伝わったからです

④ グーグルの原点「10の100乗」とは？

◆「無量大数」って何？

日本では、数の単位といえば万の次は億、その次は兆、京…と続くことはよく知られています。一番大きな単位は、江戸時代の数学者、吉田光由（よしだみつよし）が1627年に著した『塵劫記（じんこうき）』に書かれているように「無量大数（むりょうたいすう）」とされています。1無量大数とは1の後に0が68個続く数のことです。

英語では千はサウザンド、100万はミリオン…と数に対して、日本の億や兆と同じように単位があります。**その中でアメリカには10の100乗を意味する「googol（グーゴル）」という大きな数の単位があり、実は これは「Google（グーグル）」の社名の由来になっています。**

「Google（グーグル）」には「膨大な数字を組織化できるように」という思いが込められています。

図解 「大きな数＝無量大数」とは？

日本の大きな数と数え方

万 → 億 → 兆 → 京（けい） → 垓（がい） → 秭（じょ） → 穣（じょう） → 溝（こう） → 澗（かん） → 正（せい） → 載（さい） → 極（ごく） → 恒河沙（ごうがしゃ） → 阿僧祇（あそうぎ） → 那由他（なゆた） → 不可思議（ふかしぎ） → 無量大数（むりょうたいすう）

江戸時代に発行された『塵劫記』は数の単位のことにふれており、一番大きな数の単位は「無量大数」と書かれています

1無量大数

100,000,000,000,000,000,000,00……
0が68個続きます

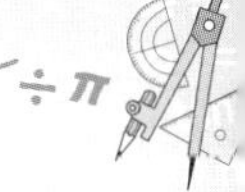

「グーグル社」は本当は「グーゴル社」だった？

グーグル社が予定していた社名は10の100乗を意味する「googol」でしたが、なんと**社名を登録する際、登録者のスペルのミスから「Google」となってしまったのです。**

アメリカには「googol」より大きな数の単位は存在していません。1googolは1無量大数の後に0が32個続きます。つまり1googolは1無量大数の1溝倍ということになるのです。

溝なんて単位は馴染みがありませんね。

一、十、百、千、万、億、兆、京、垓、秭、穣、溝、澗、…の溝です。1googolがいかに大きな数であるかがわかります。

ひとくちメモ　3つ以上はすべて「たくさん」と言っていた？

今から数千年前の狩猟民族はモノの数が3つ以上になると、「たくさん」と表現していたといわれています。

図解 グーグルの原点「10の100乗」とは?

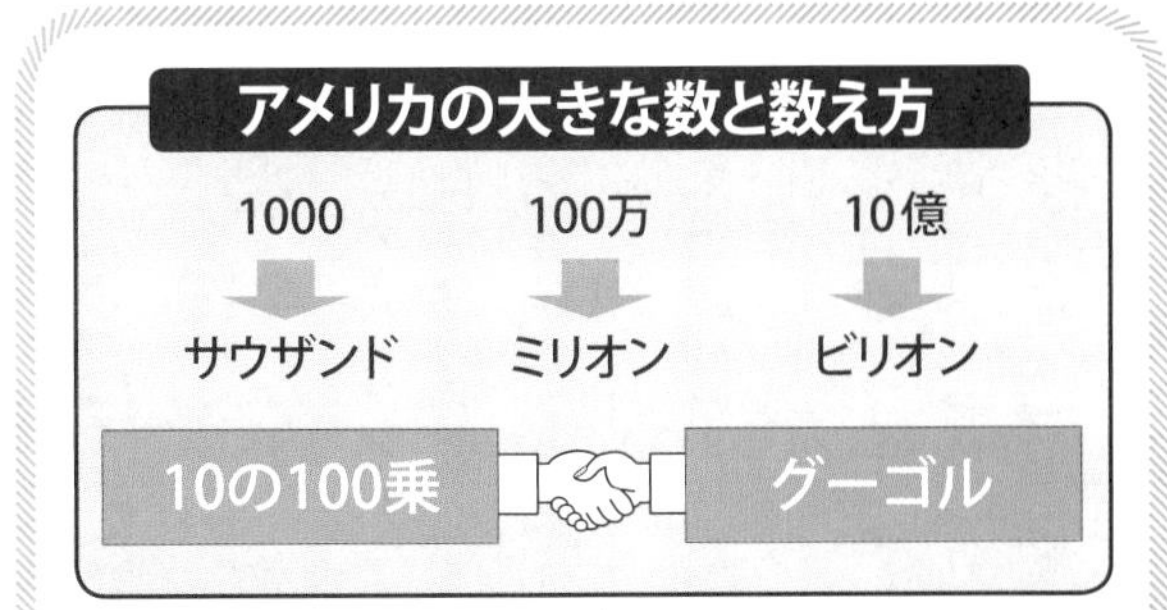

googol 社
(グーゴル)

Google 社
(グーグル)

世界的に有名なグーグル社ですが、本来はグーゴル社と登録するはずが、手違いでグーグル社となりました

1googol(グーゴル)

10,000,000,000,000,000,000,000……
0が100個続きます

「グーグル社の社名には、膨大な数字を組織化できるようにという思いが込められています」

5

昔、3月1日が「1年最初の日」だった？

◆「1年＝12カ月」の謎

ラテン語で7を意味する月が9月、8を意味する月が10月とふた月ずれていますが、1月1日が今の時期になったことと大きな関係があります。

紀元前750年頃の古代ローマ時代にはロムルス暦というものがありました。1年を1の月から10の月の10カ月に分け、それに加えて何も月名のない61日間を定めるという不思議な暦でした。何も月名のない61日間は農作業を行わない現在の1月～2月を指しています。**紀元前710年頃になるとヌマ暦が完成**し、10の月の後に11の月（ジャニュアリー）、12の月（フェブラリー）が加わります。紀元前153年頃、ヌマ暦はこれまでの11の月を「1の月」（最初の月）とする大きな変更がされました。この結果、12の月は「2の月」、もとの1の月は「3の月」、2の月は「4の月」というように2つずつ、ずれることになったのです。

図解 「1年＝12カ月」の謎

古代ローマ時代の暦

ロムルス暦	ヌマ暦
（紀元前750年頃）	（紀元前710年頃）
10の月で構成	12の月で構成
（月名のない期間が61日存在）	（1～10の月の後に11・12の月を追加）

↓

月名のない期間 → 11の月（現在の1月）
月名のない期間 → 12の月（現在の2月）

ヌマ暦の大きな変更（紀元前153年頃）

11の月は1の月になる

12の月は2の月になる

2カ月分ずれたため、7を意味する月は9月に、8を意味する月は10月にずれることになりました

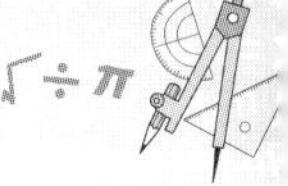

「11番目の月」が「1番目の月」になった理由

ヌマ暦の改正の際、なぜ1年の「1の月」（最初の月）が11月に変わったのでしょうか。

それは戦争と大きな関係があります。 紀元前153年11の月にヌマンティア（現在のスペイン内陸部）戦争と呼ばれる反乱が起きました。

反乱を鎮圧する司令官である執政官が就任するのは1年の「1の月」という決まりが当時のローマにありました。しかしこの**反乱に至急で対応するためには2カ月先まで待てず、11の月の1日に執政官を就任させたのです。**

このため11の月がいつの間にか「1の月」となり、12の月は「2の月」というように、以降ふた月ずれることになりました。ただし、戦争以外を理由とする説もあります。

ひとくちメモ

人気ジュエリーブランド4℃の意味は？

4℃のブランド名の由来は、池などの氷の下の魚が生息するギリギリの温度が「4℃」であることからきています。

図解　昔、3月1日が「1年最初の日」だった?

ヌマンティア戦争

(紀元前153年〜前133年)

ローマ

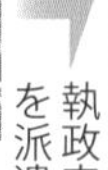

執政官を派遣

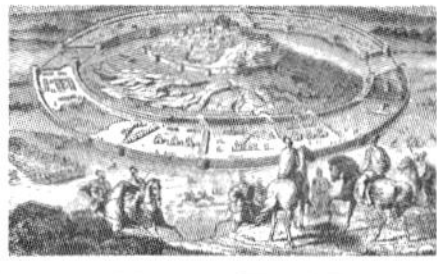

ヌマンティア

反乱に至急対応するため2カ月待てない

「執政官の就任を2カ月ほど早める必要があった」

「執政官の就任は1年のはじまりというルールがあった」

1年のはじまりを2カ月ずらしたことによって、11の月が1の月となりふた月ずつ暦がずれることになった

「その後、紀元前46年にユリウス暦によって暦の原型ができ、現在では1582年に確立されたグレゴリオ暦を使っています」

6 「地球一周＝4万キロ」とキリがいい訳

◆「メートル法」のなぜ

長さの単位としてメートルやセンチがあります。このメートルやセンチという単位は、どのような経緯を経て決められたのでしょうか。

15世紀の半ば、世界の国同士の交易が盛んになると、世界共通の長さの単位を決めることが必要となり、決定を迫られることになりました。そこで「自然科学に根拠を持ったものでなければ、世界で共通に使ってもらえない」との観点から、**北極点から赤道までの距離の1000万分の1の長さを、1メートルにするという結論に至ったのです。**1メートルの長さの基準は、北極点から赤道までの距離の1000万分の1の長さなのです。

地球の一周が約4万（40009）キロメートルと区切りのいい数字になったのは偶然ではなく、先に1メートルの長さが決まったからです。

図解 「メートル法」を採用しない国

長さの単位・ヤード

ゴルフ

アメフト

長さの単位としてヤードが使用されている

アメリカのプライド？

メートル法を採用していない国

アメリカ　ミャンマー　リベリア

アメリカ発の単位を国際基準にしようとした試みがいまでも残っています！

アメリカ人が「メートル法」を使わない訳

長さの単位では、メートル以外の単位に「ヤード」があります。

ゴルフなどでよく耳にする単位ですが、この**「ヤード」を長さの単位として一般的に使用しているのはアメリカ、**ミャンマー、リベリアの3カ国だけなのです。

なぜアメリカはメートル法に統一していないのでしょうか。それはメートル法が発足した1790年当時、後のアメリカ大統領トーマス・ジェファーソンがアメリカ発の単位体系を作り、これを世界標準にしようとしていたからです。

今でもその頃のプライドと意地から「ヤード」を使っているのです。

ひとくちメモ

トーナメント方式の総試合数は簡単にわかる

トーナメント方式で優勝者を決める試合数は、参加チームから1を引けば総試合数がわかります。

図解 「地球一周=4万キロ」とキリがいい訳

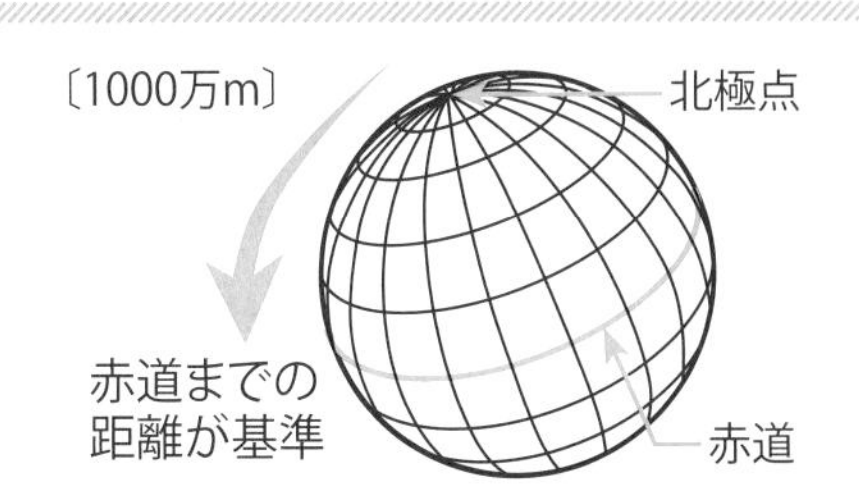

北極点から赤道までの距離の1000万分の1

〔18世紀末にフランス人によって
測定されました〕

地球一周は北極点から赤道までの距離の4倍です。地球一周が区切りのいい4万キロメートルなのは当然です

現在では「光が真空中を1秒間に進む距離の2億9979万2458分の1が1メートル」と国際的に定められています！

「17」を「3」で上手に割る方法とは？

◆「解けない問題を解く」コツ

中東の寓話に「遺言のラクダ」という話があります。ある家の主は、3人の息子たちに遺言を残しました。**「私が所有している17頭のラクダはおまえたち3人で分けるように。長男は2分の1、次男は3分の1、三男は9分の1じゃ」**。

主が亡くなり、遺言通り17頭のラクダを分けようにもうまく分けることができません。そこにラクダに乗った長老が現れ、3人に助言しました。

まず私が乗ったラクダを君たちに預けよう。すると18頭になるだろう。そこから遺言通りにラクダを分ければいいのじゃ。長男は2分の1だから18頭の2分の1で9頭、次男は3分の1なので6頭、三男は9分の1なので2頭。ほら、遺言通りの頭数になったじゃろ。その後、長老はラクダに乗ってその場を去っていきました。

図解 「解けない問題を解く」法

17頭のラクダを分ける

長男	次男	三男
全体の2分の1	全体の3分の1	全体の9分の1

17頭のラクダに1頭を加え18頭にする

18÷2	18÷3	18÷9
9頭	6頭	2頭

解けない問題は「視点を変える」のがコツ

この寓話から、なにがわかるのでしょうか。それは物事はちょっとした視点を変えることによって、解決の糸口が見えるということなのです。

17頭のままではラクダを切り刻まない限り、どうやっても遺言通りには3人に分けることができません。

しかし3人ともに納得した形で分けるにはどうすればいいか、それが1頭加えた状態にして、遺言通りにラクダを分けるという考え方なのです。

結果的に長男は9頭ですから2分の1以上、次男も6頭で3分の1以上を受け取り、三男も9分の1以上を受け取ることになりました。3人ともに納得したのですから、それは正解なのです。

ひとくちメモ　降水確率0%で雨が降っても不思議ではない？

天気予報では降水確率5%未満は0%と発表されるので、降水確率が完全に0%というわけではありません。

図解「17」を「3」で上手に割る方法とは？

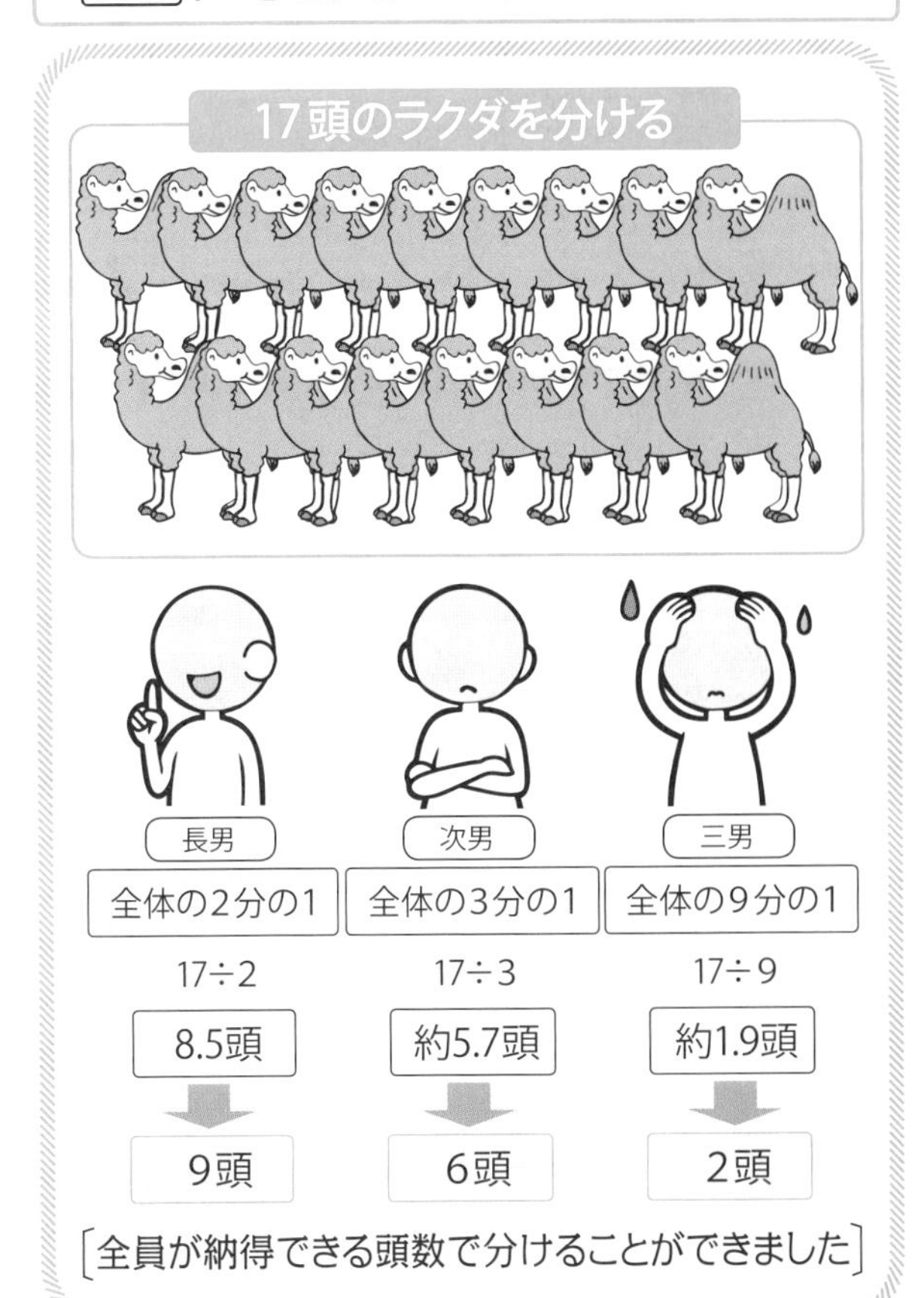

世界一役に立つ「数学者」の話 ①

ピタゴラス

――実際には測れない「大きなモノ」を測る法

ピタゴラスは古代ギリシャ時代に活躍した数学者、哲学者です。

彼の功績で有名なのは「ピタゴラスの定理」です。直角三角形の底辺をa、高さをb、斜辺をcとすると、斜辺cの2乗は底辺aの2乗と高さbの2乗をたした数に等しいという定理です。この定理を活用すると、実際に計測できないような大きなモノでも高さや長さを測ることができるため、日常生活でも利用されています。この定理を活用すると、ピラミッドの高さや太陽までの距離など、実際に測量することができないような高さや長さも測定できます。

底辺が3、高さが4、斜辺が5のような比率の直角三角形はピタゴラスの定理を満たしていますが、ピタゴラスの定理を満たす「3・4・5」の関係の数字を「ピタゴラスの数」といいます。

ピタゴラス

（紀元前582年～紀元前496年）

古代ギリシャ時代の数学者・哲学者。ピタゴラスの定理は有名。宇宙のすべては数から成り立つと提唱した。

図解「ピタゴラスの定理」って何？

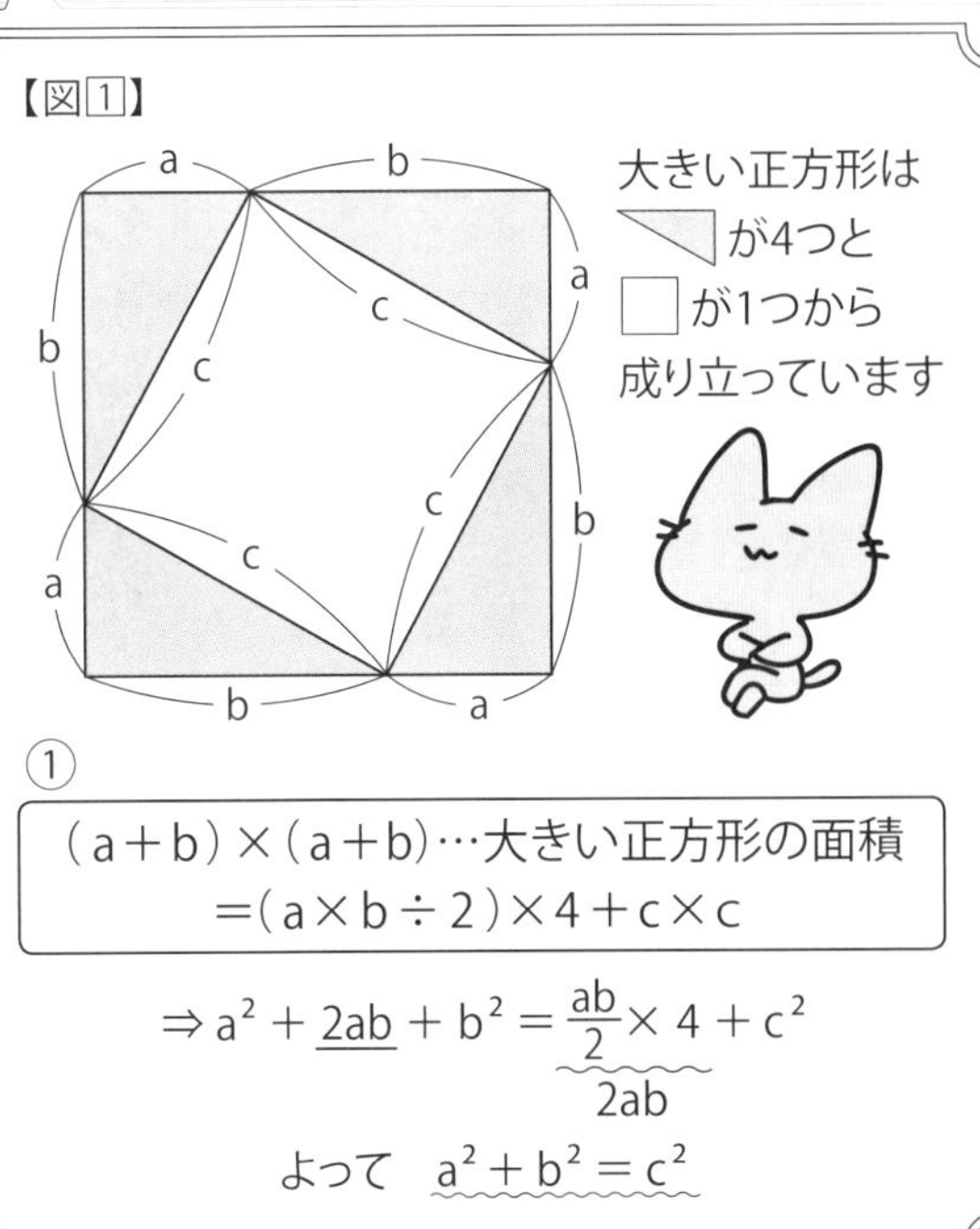

①

(a＋b)×(a＋b)…大きい正方形の面積
＝(a×b÷2)×4＋c×c

$$\Rightarrow a^2 + \underline{2ab} + b^2 = \underbrace{\frac{ab}{2} \times 4}_{2ab} + c^2$$

よって　$a^2 + b^2 = c^2$

ピタゴラスの定理は「正方形」を使うと簡単！

ピタゴラスの定理は正方形を使うと簡単に証明することができます。

前ページの【図1】を見てください。

大きな正方形の各辺の長さは「a＋b」です。

内接する正方形の辺の長さをcとします。大きな正方形の面積は（a＋b）×（a＋b）で求めることができます。

小さい正方形はcの2乗です。小さい三角形は小さい正方形の回りに4つありますから、合計の面積はa×b÷2の4つ分です。

これをひとつの式にすると前ページの①のようになります。

左辺の2abを右辺に移項して計算を続けていくと、aの2乗とbの2乗をたした数は、cを2乗した数に等しいことがわかります。

「数と数字」雑学

ピタゴラスの肖像や彫像類は伝聞や想像で作られたイメージでなので、実際にどういう姿形だったかは不明です。

第2章

読むだけで頭がよくなる!「数と数字」の話

① 未だに解明されない「謎の数字」円周率

◆「π」の不思議

円周率とは円の周囲が円の直径の何倍であるか、その割合を示す数値です。**一般的には3・14とされていますが、正確な数字は未だに解明されていません。**

正確な円周率を求めるために、多くの数学者たちが挑戦しました。円周率の歴史は古く、今から4000年前のエジプトでは円周率は3・16とされていました。約1500年前になるとインドでは3・1416とされ、同時期の中国では円周率は22/7、355/113と考えられていました。

円周率の計算で有名なのは17世紀、ドイツ・オランダの数学者ルドルフ・ファン・コーレンです。彼は円周率を小数点以下35桁まで計算することに成功しました。ドイツなどでは円周率は、彼の名前にちなみ「ルドルフ数」と読んでいます。

「π」という記号を初めて使用したのは数学者レオンハルト・オイラーです。

図解「円周率の日」って何？

円周率の日

3月14日

7月22日

12月21日
（うるう年は12月20日）

12月21日は中国発の円周率の日

（うるう年は12月20日）

1月1日 ＜1日目＞ → 355日後 → 12月21日 ＜355日目＞

$$\frac{355}{113}$$

中国の数学者である祖沖之（そちゅうし）が求めた円周率の近似値

究極の円周率の日

究極の円周率の日は1592年3月14日6時53分58秒と言われています。アメリカ式で記述すると3/14/1592：6：53.58となり円周率の12桁と一致しています！

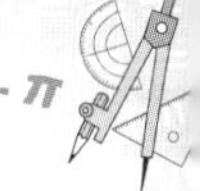

7月22日がなぜ「円周率の日」なの？

世界には円周率の日と呼ばれている日があります。ひとつは3月14日です。円周率の3・14が由来しているのは想像がつきます。

円周率近似値の日としては数日あり、代表的なものに7月22日、12月21日があります。

7月22日が制定された理由は、海外では7月22日は$\frac{22}{7}$と表記し、$\frac{22}{7}$を分数として考えると22÷7となり、その値が3・14に近いからです。

12月21日は中国が由来です。新年から355日目が12月21日（うるう年は12月20日）にあたります。355日目は中国の数学者である、祖沖之（そちゅうし）が求めた円周率の近似値、$\frac{355}{113}$の分子の数字と一致しているからです。

ひとくちメモ

「桁が違う」という「桁」の意味はソロバン！

「桁（けた）」という言葉を何の疑問ももたずに使っています。この「桁」はソロバンの玉を貫く縦の棒からきています。

図解 未だに解明されない「謎の数字」円周率

ユークリッドの円周率

ギリシャの数学者・ユークリッド（紀元前300年頃）は正六角形と正方形を使って円周率を求めました！

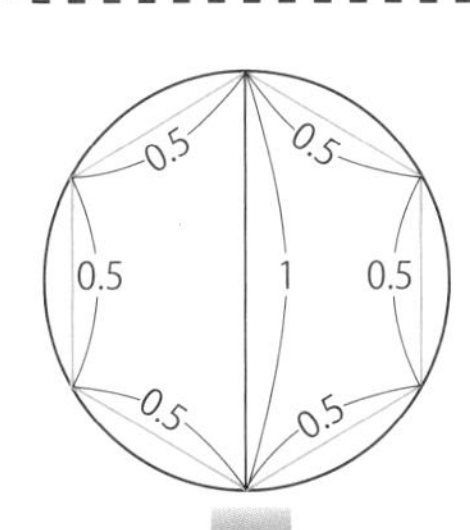

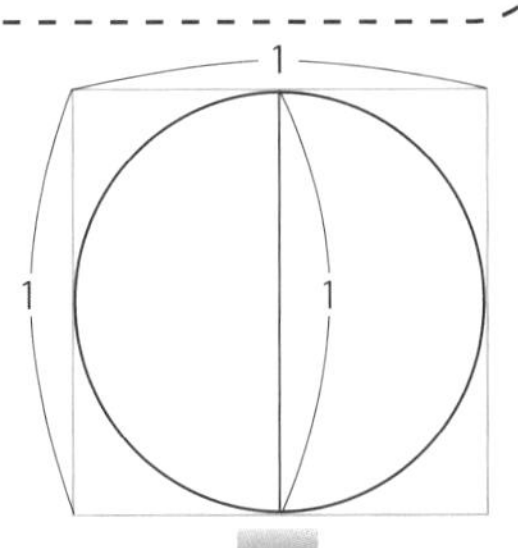

正六角形の周
0.5×6より
円周は大きい

円周＞3

正方形の周
1 × 4より
円周は小さい

円周＜4

3＜円周率＜4

ギリシャのユークリッドが円周率の計算に挑戦した後、様々な数学者が円周率の解明に挑みました！

② 数字のご先祖様「インド数字」のすごさ

◆「インド数字」「アラビア数字」のなぜ

毎日のように私たちは1・2・3…という数字を使っています。1・2・3…という数字の先祖は、いったいどんな姿だったのでしょうか？

1・2・3…の元となる数字は今から約2000年前にインドで生まれました。

その頃のインドは交易などでアラビア地方と密接な関係にあり、お互いに物資の交流をしていました。商売をする上で、数量を表す「数字」は必要不可欠なものです。アラビア人はインド人が使っていた「インド数字」の便利さに気づき、積極的に使うようになっていきます。

アラビアの文化の繁栄とともに、「インド数字」は「アラビア発祥の数字」として形を変えながらも、「アラビア数字」（算用数字）としてヨーロッパに伝わることになったのです。

図解　数字にも寿命がある?

世界各国で誕生した数字

エジプト数字の一例

1 =　　10 =　　5 =

100 =　　1000 =　　121 =

メソポタミア(シュメール)数字の例

1 2 3 4 5 6 7 8 9 10
11 12 13 14 15 16 17 18 19 20
21 22 23 24 25 26 27 28 29 30
31 32 33 34 35 36 37 38 39 40
41 42 43 44 45 46 47 48 49 50
51 52 53 54 55 56 57 58 59

マヤ数字の一例

0　1　2　3　4　5

6　……　10　11　12　……

「インド数字」に負けない「漢数字」の魅力

発生した時期に多少の差はあるものの、「インド数字」以外で代表的な数字としては**「エジプト数字」「メソポタミア（シュメール）数字」「マヤ数字」「ローマ数字」「中国数字」の5つの数字**があげられます。

「エジプト」「メソポタミア（シュメール）」「マヤ」の数字は記号や象形文字のようなもので（前ページの図参照）、実際の数を表すのには大変でした。また「ローマ」の数字は大きな数を表記するには適していません。

その中で、表記するのが一番簡単なものが「中国」の数字です。「1＝一」「2＝二」「3＝三」「4＝亖」「5＝〓」…というように「一」を並べて表現していました。

ひとくちメモ　13日の金曜日は最低年1回はある！

1年間に1回以上、最大で3回「13日の金曜日」はめぐってきます。一番多い曜日が金曜日の年もあります。

図解　数字のご先祖様「インド数字」のすごさ

算用数字のルーツ

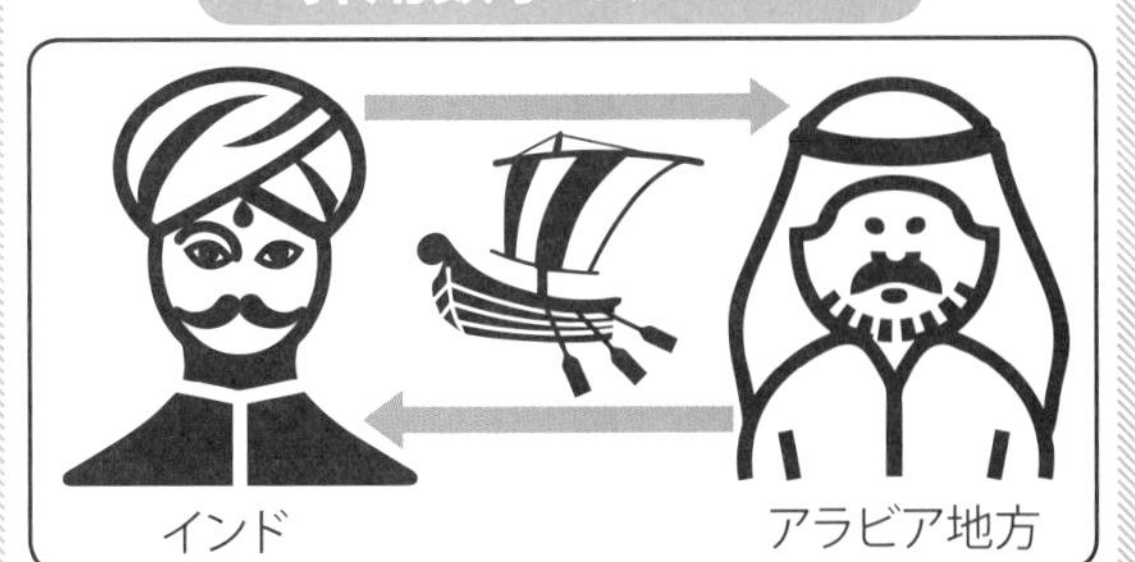

数量を表す「数字」が
必要となった

インド人が使っていた「インド数字」を採用する

インド数字の原型の一列

0	1	2	3	4	5	6	7	8	9
٠	١	٢	٣	٤	٥	٦	٧	٨	٩

インド数字が時間とともに変型し
「1・2・3…」となりました

「ゼロ」の元はヒンドゥー教の「空虚」？

◆「0」の不思議

ふだん何の疑問も持たずに「0」という数字を使っていますが、もしこの世に「0」がなかったらスマホやパソコンが存在しない、とんでもない世の中になっていたのです。

0の存在を世界で初めて明確に示したのは、インドの数学者・天文学者のブラフマグプタ（598〜665年頃）です。628年に彼が著した『ブラーマスプタ・シッダーンタ』の中で、空位を表す「0」の存在とその性質「いかなる数に0を加減してもその数の値は変わらない」「いかなる数に0を乗じてもその数の値は常に0である」ということを述べています。「インド数字」の発祥の地であるインド地方は、ヒンドゥー教の影響を受けていました。ヒンドゥー教の教えでは「空虚」の考え方は定着しており、そのため「0」を発見できたのです。

図解 「0の読み方」の不思議

日本語では2つの読み方があります

NHKなどの放送局では固有名詞を除き、数字の0は原則「レイ」と発音しています

0をゼロと発音する例

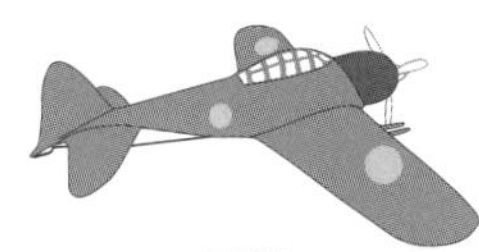

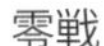
零戦

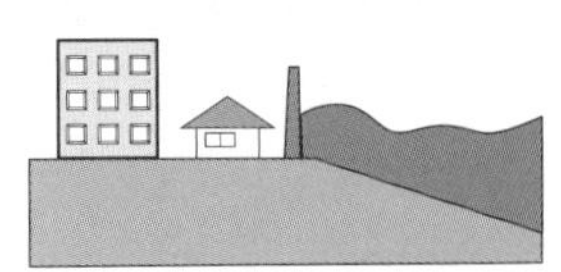
海抜0メートル地帯

降水確率の場合は確率を強調しているように感じますが、「0」は「レイ」と発音するようにしています

「ゼロパーセント」「レイパーセント」どっち？

数字の「0」は「ゼロ」？「レイ」？ もちろんその時々によって違うという方もいると思われますが、読み方の違いにはそれぞれ理由があります。ゼロは英語のzero、レイは漢字「零」の漢字音です。「零」の読みは「レイ」だけで「ゼロ」はありません。NHKなどの放送局では、数字の「0」は原則として「レイ」と読むとしています。

ただし、「海抜0メートル地帯」「零戦（レイセンという場合もある）」など固有の読み方が決まっているものや、「まったくやる気ゼロだな」などと、何もないことを強調する場合はゼロを使うべきであると断っています。

降水確率0％は「ゼロパーセント」ではなく「レイパーセント」です。

五稜郭が五角形なのは敵の攻撃から守るため！

幕末の函館に築かれた五稜郭は星型の先端に大砲を設置すると、攻撃と防御に最適になるという、軍事上の理由から五角形でした。

図解 「ゼロ」の元はヒンドゥー教の「空虚」?

0の発見  インドの数学者

0(ゼロ)の概念を明確に定めました

0(ゼロ)が発見されたことにより、10進法の位取りで、どんな大きな数でも表記できるようになりました

インドでは0(ゼロ)を表す数字の誕生

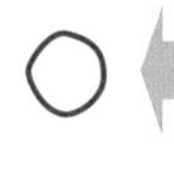

10世紀ころの0(ゼロ)の表記

104　1004　10004

大きな数を表せる　計算がしやすい

0(ゼロ)の発見により、インド数字はその利便性から世界に広まることになりました!

④ ローマ帝国の「ローマ数字」が廃れた訳

◆「ⅠⅡⅢⅣⅤ」のなぜ

Ⅰ、Ⅱ、Ⅲ、Ⅳ、Ⅴ…という数字「ローマ数字」はいくつまで表すことができるのでしょうか。数字だから無限に大きな数字を表すことができるかと思いきや、**一般的なローマ数字は「3999」までしか表現することができません。**

なぜならローマ数字では、1000を示す「M」が最高値であり、それ以上の数を表す記号がないからです。しかし調べてみると、4000以上の数を表現していた記録があります。「重ね表記」や「つなぎ表記」と言われるものを使った表現方法です。「重ね表記」で10000は「CC|ƆƆ」、「つなぎ表記」では、ローマ数字の上に「ー」を書き加えることで1000倍を表すので「X」の上に「ー」を書き加えれば10000になります。ローマ数字には大きな欠点があります。一瞬で、どんな数を表しているかを理解しにくいことです。

図解 ローマ数字「Ⅳ」の謎

ローマ数字

Iには V から1を引くという意味があります

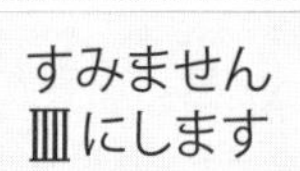

時計師

王様のひと言でⅣがⅢとなりました

札幌の時計台も4はⅢと表記

ⅢではなくⅣを採用する
有名ブランドは少数派

シャネル
ブシュロン
ベダ&カンパニー

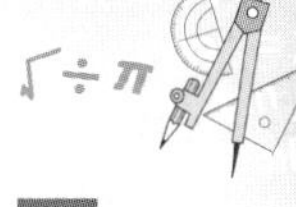

ローマ数字の「4」はなぜ2つあるの？

ローマ数字での4は、「Ⅳ」「Ⅲ」と2つの表し方があります。

14世紀後半、フランスのシャルル5世が「自分の称号5から1を引くⅣは縁起が悪い」と、時計師に「Ⅳ」を「Ⅲ」に変えさせたという説があります。つまり「Ⅳ」を「Ⅲ」と表すようになったのは王様のひと言だったのです。

今でも**ローマ数字を使った時計の文字盤では「4」を「Ⅲ」と表すものが多いのは、そんな王様への忖度（そんたく）の伝統を守っているという説があります。**

有名ブランドでⅣを採用しているのはシャネル、ブシュロン、ベダ&カンパニーなどで、9割を超える時計がⅣではなくⅢを採用しています。

ひとくちメモ

サッカーのゴールネットの網目が六角形の理由

六角形は構造的に丈夫な理由から、網目の強度を守るため、ゴールネットは近年は六角形の網目模様になっています。

図解　ローマ帝国の「ローマ数字」が廃れた訳

ローマ数字

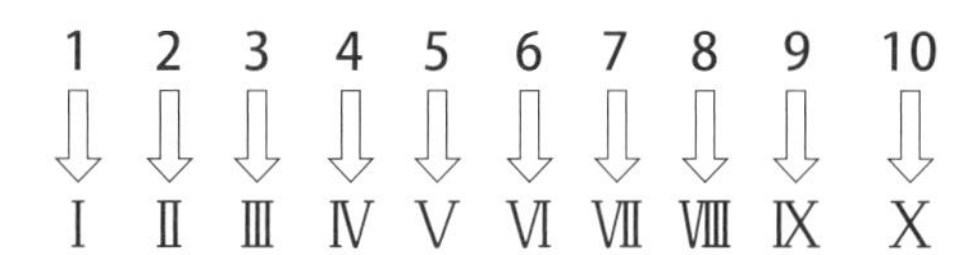

50 ⇨ L　　100 ⇨ C
500 ⇨ D　　1000 ⇨ M

4を「IIII」、9を「VIIII」と表す方法もあります

●ローマ数字の表記方法

399＝3×100＋（−10＋100）＋9

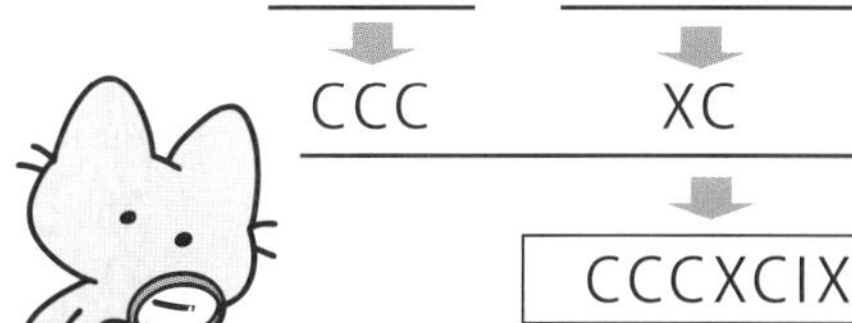

IX

CCCXCIX

「CCCXCIX」をみて、瞬時に算用数字の「399」を表していることを理解するのは難しいです

５ かけ算に「×」記号を使わない国の理由

◆「かけ算の記号」の不思議

かけ算の記号「×」は、イギリスの数学者のウィリアム・オートレッド（1574〜1660年）が著書の中で使ったのが最初です。どうして「×」という形になったのか、その由来には諸説があり、キリスト教の十字架を斜めにしたという説と、スコットランドの国旗から形をとったという説とがあります。

イギリス以外のヨーロッパの国々では「×」の代わりに「・」や「*」を使っています。このことは前述の〝微分・積分論争〟と関係があります（28ページ参照）。オートレッドが「×」を使用した頃、ドイツの数学者ライプニッツはスイスの数学者ベルヌーイ（1654〜1705年）に送った手紙の中で、「私は掛け算の記号として『×』を好まない。『X（エックス）』と間違ってしまうからだ。私は『・』で掛け算を表すことにする」と反対意見を書いてます。

図解 「X=未知数」の不思議

誰なのか特定できない

ミスター

X

Xは未知数であるという意味で使用

X=未知数のルーツ

ルネ・デカルト(1596〜1650年)
フランスの哲学者

〔未知数の記号として XYZを使用〕

活版印刷の活字の中でXが余っていた

当時の活版印刷の活字の中でZが一番余っていたら、未知数を表す記号は「Z」になっていた可能性があります!

余っていた「Xの活字」の意外な使い道

誰なのか特定できない、誰だかわからない人を指すときに〝ミスターX〟と言います。**〝ミスターX〟のきっかけを作ったのは、〝X〟が未知数として使われるようになったそのきっかけを作ったのは、フランスの哲学者、ルネ・デカルト（1596〜1650年）です。**彼は未知数として、XYZという記号を使っていました。その中で特にXが現在のように未知数の単位として使われるようになったのは印刷事情と関係があったのです。

当時の印刷は活版印刷でした。印刷する際、Xの活字が余っていたから、未知数を表すときの記号をXYZの中で〝X〟を使うようになったのです。もしZの活字が一番余っていたら、「容疑者Z」になっていたのですね。

ひとくちメモ　サッカーボールの形は球体ではありません！

サッカーボールは20個の正六角形と12個の正五角形から成り立っています。つまり32面体なのです。

図解 かけ算に「×」記号を使わない国の理由

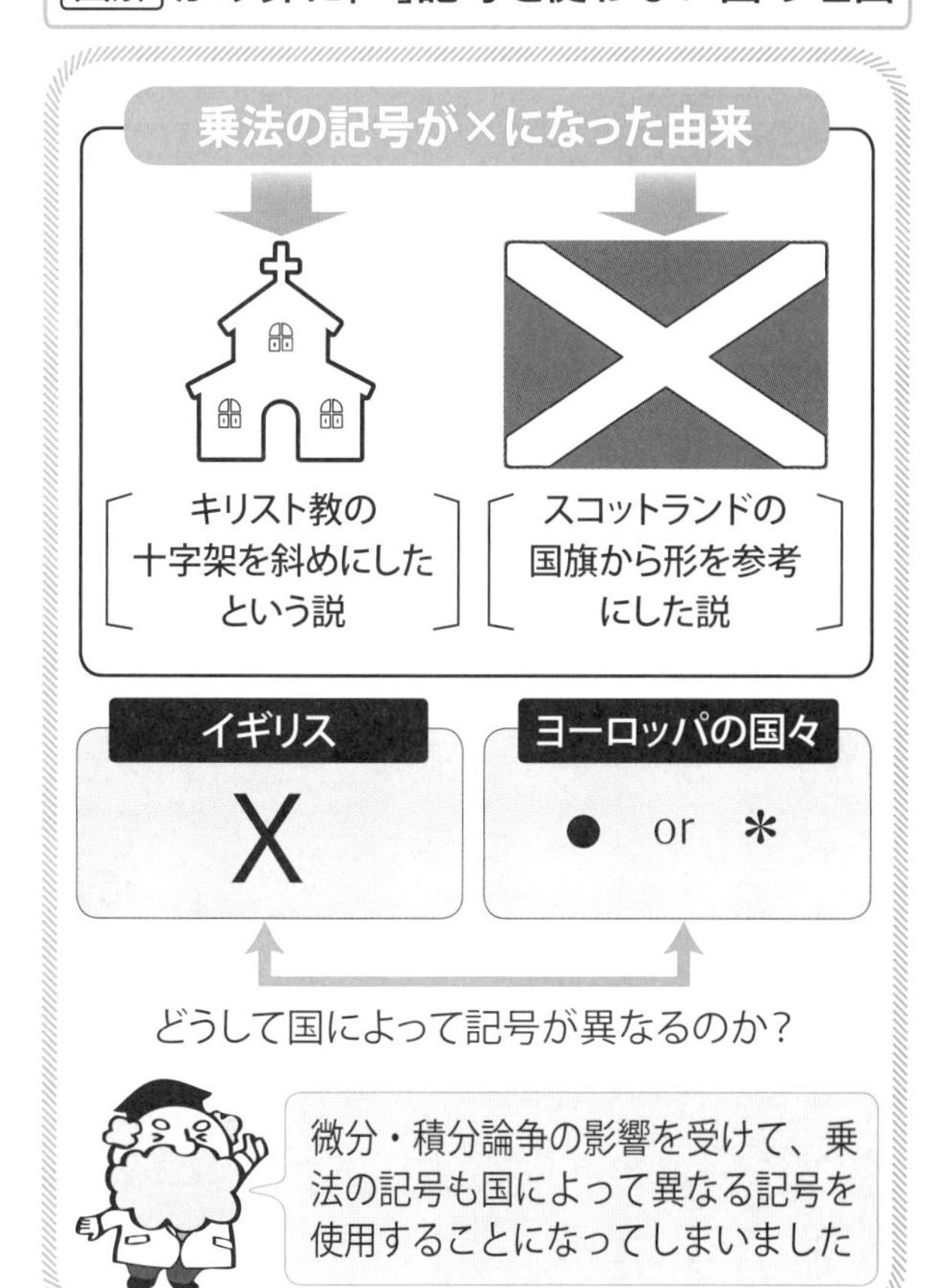

ユニクロの「ユニ」は「唯一無二」のこと

◆ファーストリテイリングと数字

誰もが知っている有名ブランドに「ユニクロ」があります。現在では「株式会社ファーストリテイリング」と社名は変わっていますが、もともとは「ユニーク・クロージング・ウェアハウス（UNIQUE CLOTHING WAREHOUSE）」で、これを略したのが「ユニクロ」です。

この「ユニーク」にはどんな意味があるのでしょうか。「ユニーク」の「ユニ」

「ユニークな人」のことを「面白い人・変な人」という意味で捉えていますが、**はラテン語の数詞で「1」を意味します。そこから「ユニーク」とは「2つとない唯一無二のもの」という意味であり、ポジティブな意味で使用されることが多いのです。**「ユニフォーム」には制服という意味がありますが、「ユニフォーム」の「ユニ」からも制服は「2つとない唯一無二の型」ということがわかります。

図解 「CがQに変わる」謎

ユニーク・クロージング・ウェアハウス

UNIQUE・CLOTHING・WAREHOUSE

略して

UNICLO

UNICLO　UNIQLO

社長はUNIQLOを気に入ってしまった

［訂正されることなくUNIQLOに決定］

「UNIQLO」は本当は「UNICLO」だった?

ユニクロのブランド名の中には「2つとない唯一無二のもの」の意味である「ユニーク(UNIQUE)」が入っていたのです。

香港の子会社を登記するとき、「UNIQUE CLOTHING」を略した「UNICLO」と登記するところを「UNIQLO」とスペルを間違えて登記してしまいました。これを見た柳井社長は、「CよりQのほうがカッコイイ!」と気に入り、そのまま変更することなく採用したという話が残っています。

つまり、ユニクロのブランド名には「他に類をみない、たったひとつのもの」という思いが込められているのです。

ひとくちメモ　どんな年でも同じ曜日になる「4つの日」の不思議

4月4日、6月6日、8月8日、10月10日、12月12日が同じ曜日になっているって知っていましたか?

図解 ユニクロの「ユニ」は「唯一無二」のこと

ユニクロ

↓

ファーストリテイリング

ユニークのユニ  ラテン語の数詞で1

↓

2つとない唯一無二のものという意味

元々の店舗であるユニーク・クロージング・ウェアハウスを略して「ユニクロ」となりました

ユニフォーム

制服という意味

唯一無二という意味

［ユニクロの社名にはオンリーワンが込められています］

7 「一・二・三」が「壱・弐・参」になった訳

◆「日本の数字」の謎

江戸時代にはまだ「算用数字」が伝わっていません。そのため数字といえば漢数字です。「1＝壱」「2＝弐」「3＝参」…というように表していました。当時はすでに「1＝一」「2＝二」「3＝三」…という表記方法もありましたが、**書き換え防止のために「1＝壱」「2＝弐」「3＝参」…という書き方を公式文書などで使うようになりました。**ちなみに「1＝壱」「2＝弐」「3＝参」…という漢数字を「大字（だいじ）」といいます。

特に「大字」は改まった場合に使われていました。その名残として、結婚式などの祝儀袋に3万円入れたら「三万円」を「参萬圓」と書くケースが今でもよくあります。かつて「壱」「弐」「参」…というような「大字」は「会計」「登記」「戸籍」などで使用することを定めた法律がありました。

図解「漢数字の意外な欠点」とは？

江戸時代の漢数字

大字	通常の漢数字
壱　弐　参	一　二　三
〔改ざんしづらい〕	〔改ざんしやすい〕

江戸時代では書き換え防止のために公式文書では、漢数字は改ざんしづらい大字を使っていました

漢数字の大字

改まった場合

結婚式の祝儀袋などでは大字を使用

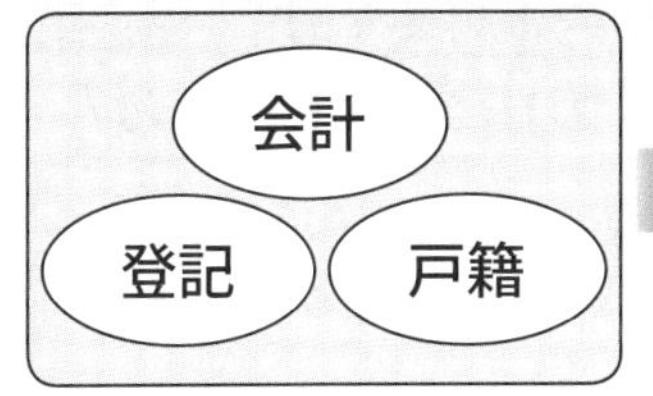

かつては法律で大字を使用することを定めた法律がありました

日本の数字には「大字」と「小字」がある

さらに古い時代に目を向けると、今から約1320年ほど前、701年に日本で最初に編纂された法律書、「大宝律令」は公式の帳簿などに、「大字」を使うことが定められています。

奈良時代にはすでに、改ざんなどで人を騙す詐欺師がいた可能性があるということになります。

「1＝壱」「2＝弐」「3＝参」…は「大字」と呼んでいますが、日常生活でよく使われる「1＝一」「2＝二」「3＝三」…は「小字（しょうじ）」と呼んでいます。

「壱」「弐」「参」以外でよく目にする大字としては、「五＝伍」「十＝拾」「千＝阡」「万＝萬」などがあげられるでしょう。

ひとくちメモ　ピンからキリまでの「ピン」の由来はポルトガル語

ポルトガルから伝わったカルタの1点札のことを「ピン」と呼んでいることから「ピン＝1」となりました。

図解「一・二・三」が「壱・弐・参」になった訳

最古の法律書・大宝律令

公式の帳簿では漢数字は大字を使うこととする!

奈良時代にはすでに詐欺師が存在していた?

漢数字「壱」「弐」「参」…という大字に対し、通常使っている漢数字「一」「二」「三」を小字といいます

小字と大字の対比

一⇒壱	六⇒陸	千⇒阡
二⇒弐	七⇒漆	万⇒萬
三⇒参	八⇒捌	
四⇒肆	九⇒玖	
五⇒伍	十⇒拾	

レオナルド・フィボナッチ

――自然界は「フィボナッチ数列」に従っている？

イタリアの貿易商ボナッチ家に生まれました。本名はレオナルド・ピサです。フィボナッチという名前は「ボナッチの息子」という意味があり、愛称のほうが後世に伝わって残りました。

貿易商の仕事の合間をぬいながら、彼は数学の勉強をし続けました。特に関心があったのが貿易の仕事の中で出会ったインド数字です。当時イタリアはローマ数字を使っていたのですが、インド数字はその体系がローマ数字より単純で効率的であるのではないかと思ったのです。

フィボナッチはさらに数学の見聞を広めようとエジプト、ギリシャなどを訪れ、様々な数学者のもとで勉強し続けました。１２００年に帰国し、それまで諸外国で学んだことを一冊の本にまとめあげたのが『算盤（さんばん）の書』です。

レオナルド・フィボナッチ

(1170年頃〜1250年頃)

イタリアの数学者。1228年に刊行した『算盤の書』は後の世に大きな影響を与えることになります。

図解「1+1=2、2+3=5」の謎

フィボナッチ数列の不思議

1・1・2・3・5・8・13・21・34・55…

コスモス
花びらの数
8

マーガレット
花びらの数
21

ひまわり
花びらの数
34

フィボナッチ数列は前の2つの数字を足した数が続いています。8・13の次は8+13で21、その次は13+21で34と続きます

フィボナッチは自然が「数字」に見えた？

1228年に出版された『算盤の書』の中で、ウサギの出生率に関する問題についてふれています。それは後に「フィボナッチ数列」として知られるようになります。

フィボナッチ数列とは1、1、2、3、5、8、13、21、34、55…と続く数列のことで、この数列の中に出現している数字と自然界との間には、コスモスの花びらは8枚、マーガレットは21枚、ひまわりは34枚という、面白い関係があることで注目されています。

「フィボナッチ数列」と初めて呼んだのはフランスの数学者、エドゥアール・リュカ（1842〜1891年）です。この本では「インドの方法」としてインド数字（アラビア数字）のこともふれており、位取り記数法の利便性についても紹介しています。

「数と数字」雑学

フィボナッチは0の存在に大きな関心を持ちます。『算盤の書』でも紹介し、0は世界に広まりました。

つい誰かに話したくなる!「数と数字」の雑学

①「平均値」でウソを見抜けるって、本当？

◆役に立つ「正規分布」の使い方

100点満点の数学のテストを実施し平均点が50点のとき、一番人数が多いのが平均点近くとなります。そして0点や100点に近づくに従い人数は少なくなっていきます。これをグラフに表すと【図1】のような**左右対称の釣り鐘のような形になります。このような点数と人数の分布の形を「正規分布」と呼びます。**

この「正規分布」を使い、フランスの数学者ポアンカレ（1854〜1912年）がパン屋の不正を見抜いたという逸話が残っています。彼は毎日同じパン屋さんで1キロのパンを買い続け、毎日パンの重さを量り続けました。その重さの分布をグラフに表すと、正規分布になるはずです。そして平均値は1キロ近くにならなければなりません。しかし、実際のグラフでは正規分布の平均値は950グラムになっていたのです。これはいったい、何を示しているのでしょうか。

図解 役に立つ「正規分布」の使い方

100点満点のテストの点数の分布

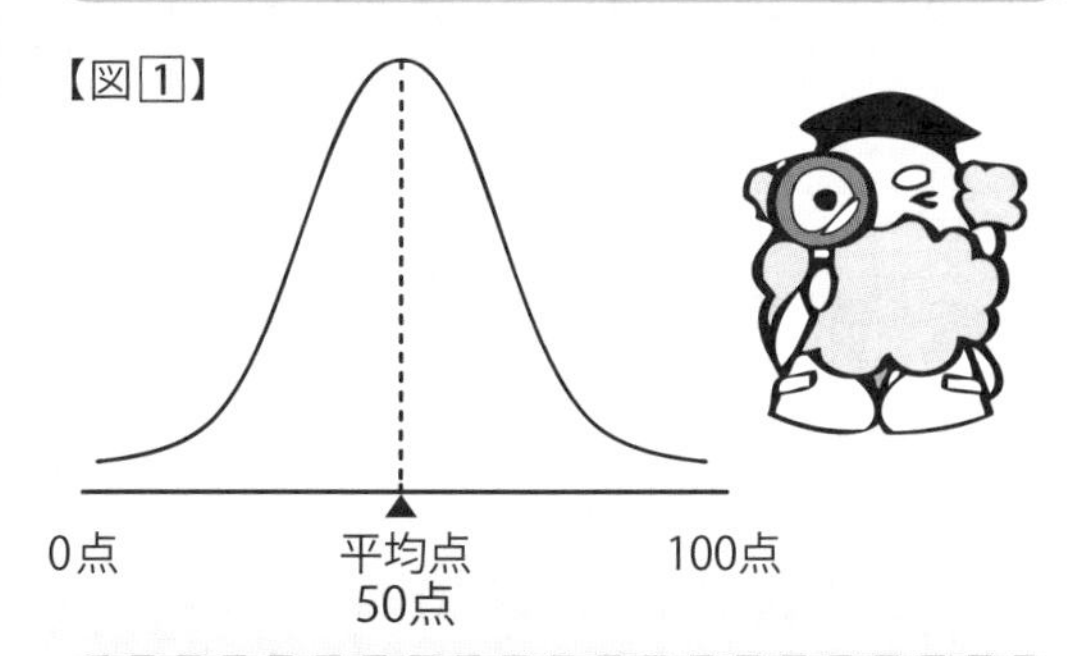

左右対称のグラフの形＝正規分布

1kgのパン・日々の重さの分布

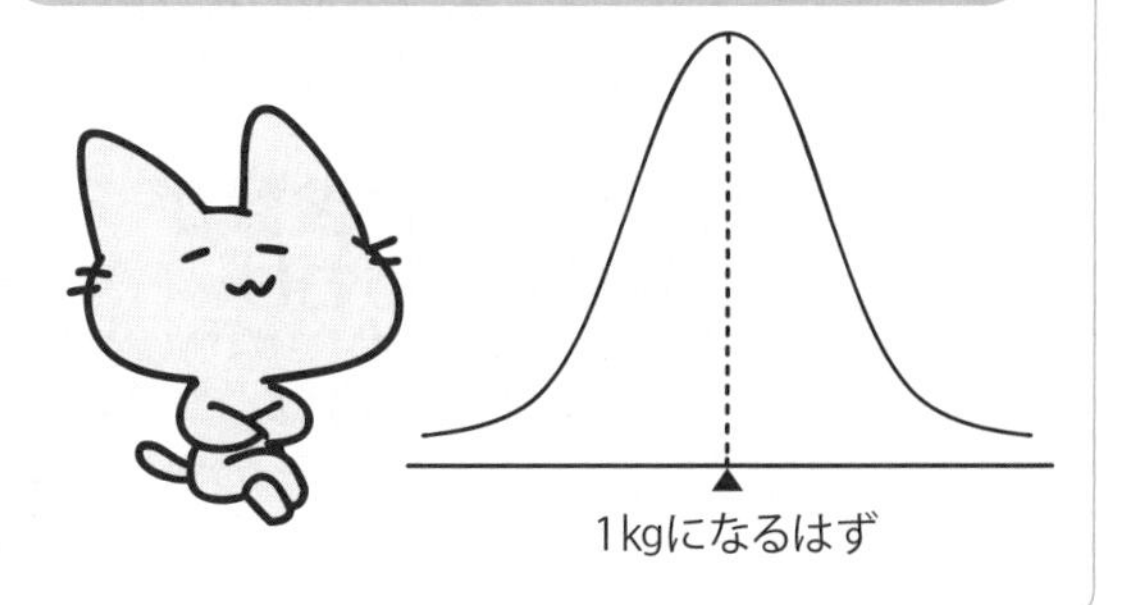

天才数学者ポアンカレの「ウソ発見法」

パンの重さは少し誤差が出ても当然です。それでも1キロのパンを意識してパンを作り続ければ、その平均値は1キロ前後になるはず。しかし**950グラムが平均値ということは、正規分布図が左にずれて、右側の重いパンが少なくなったことを示しています。1キロ以上のパンが少なくなり、逆に1キロ未満のパンが多くなったのが左ページのAの図です。**彼はこのことを店主に告げ、店主も二度と不正はしないと約束しました。しかし、その後も調べ続けると【図2】のように、重さの軽いパンのデータだけが少し削れたグラフになり、平均値は950グラムより少しだけ重くなっていました。彼はそれを見て、店主はまだ不正を続けていると見抜いたのです。

ひとくちメモ

AMラジオの周波数が9で割り切れるわけ

AMラジオの周波数の間隔は9kHzというルールがあるため、AMラジオ局の周波数はすべて9の倍数です。

図解「平均値」でウソを見抜けるって、本当?

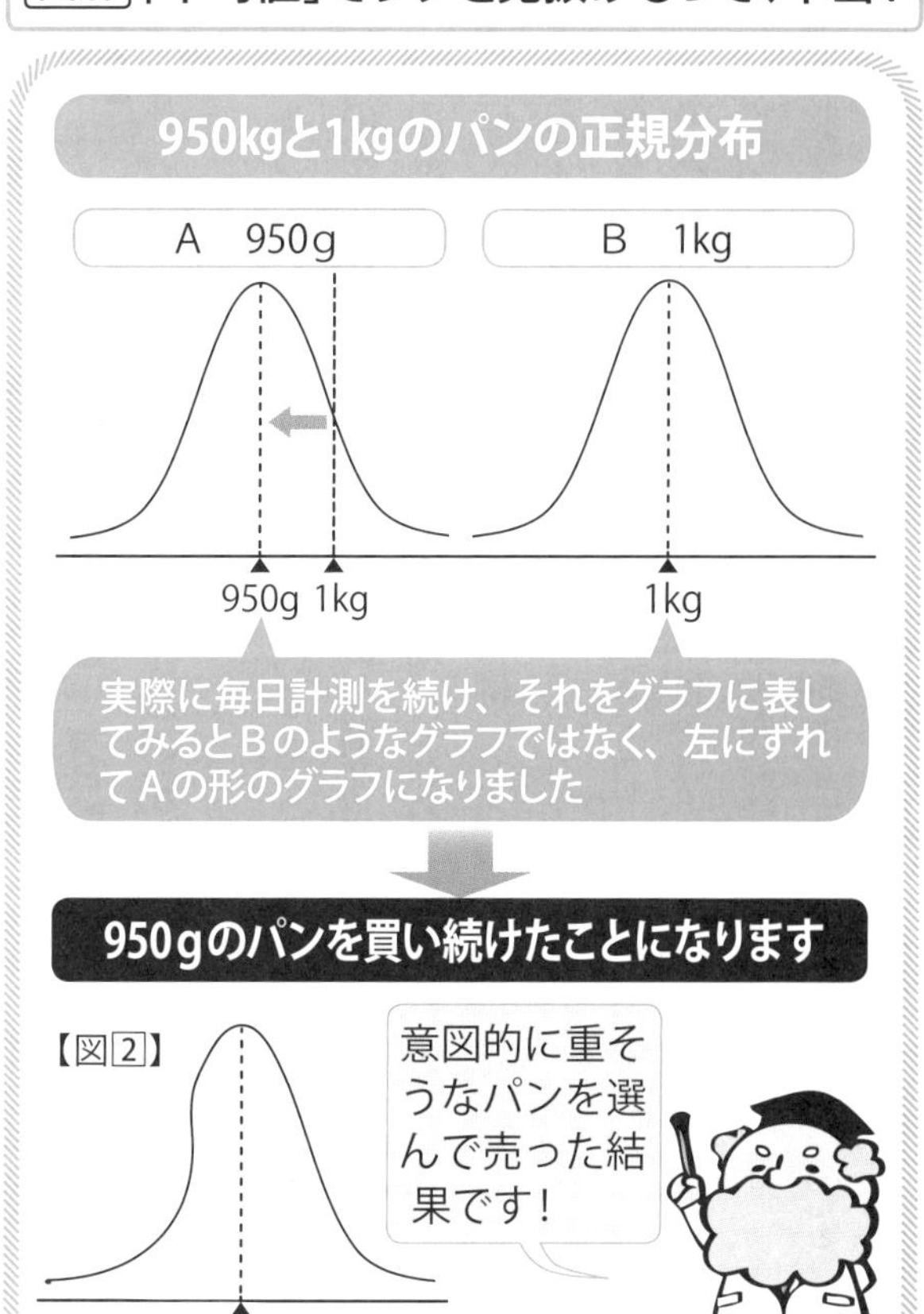

② 力学的には「3」が一番安定した数字

◆「ビールの王冠のギザギザ」なぜ21個？

瓶ビールの王冠にギザギザがついていることは、誰でも知っているでしょう。

しかしこの**ギザギザの数が21個で、この21個が世界共通であることや、どうしてギザギザの数が21個なのか、理由まで知っている人は少ないと思います。**

力学的にモノをしっかりと固定するには、2点や4点などと比較しても3点が優れていることが証明されています。そこで3の倍数で瓶ビールの王冠を固定していく実験を繰り返したところ、直径26・6ミリの王冠をしっかり固定するには、ギザギザの数が21個が適切であることがわかりました。瓶ビールを固定する王冠のギザギザの数は21個となり、その数は世界共通の数となったのです。

現在のようなビールの王冠が登場する前までは、ビールはワインのようにコルクで栓をしており、ビールを開栓するのは非常に手間がかかっていました。

図解 「王冠のギザギザ」はなぜ21個？

ビールの王冠のギザギザの数

ギザギザの数  21個

3・6・9・12・15・18・21・24…

［3の倍数で実験］　一番安定

ビールの王冠のギザギザの数は世界共通！

力学的にモノを安定させるには3点が一番安定します。そこで実験をした結果、ビール瓶の栓を固定する王冠のギザギザは3の倍数である21に決定しました！

ピラミッドに「三角形」が使われている訳

この王冠は1892年にアメリカのウィリアム・ペインターが初めて作り、日本では1900年に東京麦酒（前身は桜田麦酒）が作ったのが最初です。王冠と呼ばれるようになった理由は、ビールの栓の形状が王冠（＝クラウン）に似ているからです。

モノを固定するには3の倍数が適しているということから、巷でよく見る建築物にも3辺でできている三角形が使われています。代表的なものにスカイツリーや東京タワーがあります。スカイツリーや東京タワーに近づいてよく見ると、骨組みは多くの三角形から成り立っていることがわかります。もし三角形ではなく正方形や長方形ですと、安定せず崩れやすいのです。

ひとくちメモ

新聞紙を23回折り続けるとどうなるか？

新聞紙の厚さは0.1ミリ程度。これを折り続けると、ねずみ算で23回目には634mのスカイツリーを超える計算になります。

図解　力学的には「3」が一番安定した数字

王冠のルーツ

世界初	日本初
1892年ウィリアム・ペインターが初めて作りました	1900年東京麦酒（桜田麦酒）が初めて作りました

↓

それまでのビールは、ワインのようにコルクで栓をしていました

三角形を活用している有名な建築

東京スカイツリー

東京タワー

［多くの三角形から成り立っていることがわかります］

③ 数字の読み方・数の数え方、なぜ違う？

◆「4」と「7」の不思議

4を「よん」や「し」、7を「なな」や「しち」と、同じ数字なのに異なる読み方があるのはどうしてなのでしょうか？

確かに「4」は1・2・3・4（し）・5…では「し」、逆からでは…5・4（よん）・3・2・1と「よん」。「7」も6・7（しち）・8…では「しち」、逆からでは8・7（なな）・6…で「なな」と読み方が異なります。

「4」や「7」を「よん」「なな」と読むのは「訓読み」で、「し」「しち」と読むのは「音読み」です。

多くの場合、数字を連続して読むときは「いち・に・さん・し・…」と「音読み」で発音し、数を数えるときは「ひい・ふう・みい・よ…」と「訓読み」で発音するのが通常です。

図解 「4」と「7」の不思議

NHKことばのハンドブック

4⇒○よん　×し
7⇒○なな　×しち

聞き間違いを防止するためにNHKでは
4や7を「よん」「なな」と発音しています

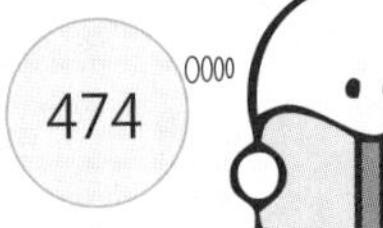

よんひゃく
ななじゅう
よん……

固有名詞はそれぞれ異なる読み方

七草
ななくさ

七味
しちみ

四捨五入
ししゃごにゅう

四輪
よんりん

NHKの「数字の読みかた」のコツ

「NHKことばのハンドブック」によると、**聞き間違いを防止するために4や7は「し」や「しち」と読まず「よん」「なな」と読むようにしています。**「474」は「よんひゃく・ななじゅう・よん」と発音しています。

数字を8・7・6…と逆から読む場合では、ひとつひとつの数字を独立した数字として捉えているために、読みやすい「よん」「なな」と読むようになったとされています。

「七草＝ななくさ」「七味＝しちみ」「四捨五入＝ししゃごにゅう」「四輪＝よんりん」のような固有名詞は、読み方はそれぞれ固定されています。ワン・ツー・スリーですむ英語とは異なり、日本語って複雑ですね。

ひとくちメモ　「アルプス1万尺」のアルプスは日本アルプス

1万尺＝約3030メールです。1番の歌詞「小槍の上」の「小槍」は槍ヶ岳の西側の岩峰でまさに標高3030mです。

図解　数字の読み方・数の数え方、なぜ違う？

1・2・3・4…の順で発音してみる

1（いち）・2（に）・3（さん）
4（し）・5（ご）・6（ろく）
7（しち）・8（はち）…

8・7・6・5…の順で発音してみる

8・7・6・5…と発音してみる
8（はち）・7（なな）・6（ろく）
5（ご）・4（よん）・3（さん）2（に）・1（いち）

④		⑦
〔し〕⇦	音読み	⇨〔しち〕
〔よん〕⇦	訓読み	⇨〔なな〕

［4・7には2通りの読み方があります］

ひとつ、ふたつ、みっつ、よっつ…ななつ…というように、数を数えるときは訓読みが通常です

4 感染症の怖さがわかる「怖いねずみ算」

◆「1粒」が30日で「5億粒」になる謎

新型コロナではたった1人の感染者でも、その人から数え切れないほどの人に感染を広げることになり、感染力の強さを実感させられました。**感染者の数の増加はねずみ算を考えると、その恐ろしさがわかると思います。**

ねずみ算についての記述は古く、江戸時代の算術の教科書『塵劫記（じんこうき）』に登場しています。1月にねずみのつがいがいて、6組のつがい（12匹）を産むと、もとのつがいと合わせると14匹になります。2月には7組のつがいが同じように6組のつがい（12匹）を産むとどうなるでしょうか。7組×12匹となり84匹。最初にいた14匹と合わせると、98匹になります。

このペースで7倍ずつ増え続けると、12月には276億8257万4402匹になってしまいます。

図解 「1粒」が30日で「5億粒」になる謎

曽呂利新左衛門（そろりしんざえもん）と米粒の話

ほうびを与えるが何がいいかな？

1日目は1粒、2日目は2粒、3日目は4粒…というように100日間ください

よしわかった！ 欲のない男じゃのう

1日目	2日目	3日目	4日目	……
1粒	2粒	4粒	8粒	……

14日目	……	20日目	……	30日目
8192粒	……	約52万粒	……	約5億3690万粒

1kg＝5万粒 1俵＝約60kg

1俵は300万粒です。となると30日目には約180俵にまで膨れ上がる計算です。100日後には計算できないような数になります！

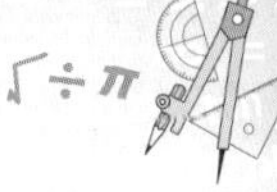

「倍々ゲーム」という楽しくないゲーム

ねずみ算の逸話で面白いものがあります。豊臣秀吉の臣下で話上手でとんちの才があった曽呂利新左衛門（そろりしんざえもん）に、秀吉は「ほうびを与えるが何がいいか」と尋ねたところ、「1日目は1粒、2日目は2粒、3日目には4粒…というように1日ごとに倍々の米粒、100日分欲しいです」と答えました。

秀吉は「あまり欲のないヤツだな」と言い、言われた通りに米粒を与え続けました。

1週間程度では64粒とたいしたことありませんが、1カ月後にはなんと約5億粒（約180俵）。このまま増え続けると100日後にはとんでもない数になるとわかり、秀吉が慌てたと伝えられています。

ひとくちメモ 東京タワーの高さは380mになる予定でした！

昭和33年12月23日に332.6mの高さで完成した東京タワーですが、最初の設計の段階では380mの高さでした。

図解 感染症の怖さがわかる「怖いねずみ算」

最初は小さな数字だったものが膨大な数に

1月

……………2匹

6組を産みます

2月

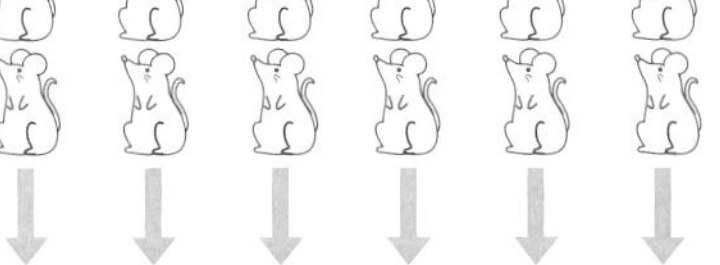

……12匹

それぞれが6組を産みます

3月　12（1組が産む数）×6組＝72　⇒72匹

2月には12匹います　⇒12匹

1月の2匹も6組産みます（2＋2×6）⇒14匹

72＋12＋14＝98　合計98匹になります

このペースで増え続けると12月には約277億匹になります

たった1人の感染者でも、非常に多くの感染者数になってしまいました。恐ろしさをねずみ算から知ることができます

5 「震度8」という数値がない不穏な理由

◆「震度7以上の地震」はなぜ起きない？

地震が起きると、過去の災害の経験から不安になるものです。身体に感じる大きな地震が起きると、震度はどれくらいなのか知りたくなりますね。

しかし、どれほど甚大な被害をもたらした地震でも、震度7以上の地震は起きていません。

地震の大きさを測る震度は震度0から10段階（震度5と6は強と弱がある）に分かれています。その一番上のクラスが震度7。震度8という数値は存在していません。

震度8がないのは、震度8以上の揺れは現在の常識では想定外の揺れであり、もし震度8が計測されてしまったら、計算上地球が滅亡するほどの揺れになるため、指標として用意しても意味がないからです。

図解 「1」増えると「32倍」になる不思議

1995年1月17日の阪神・淡路大震災

阪神・淡路大震災まで地震の震度は0～7までの8段階に分類されていました

同じ震度5なのに揺れの度合いが異なる

震度5弱　震度5強

マグニチュードが1増えるとエネルギーは32倍

マグニチュード6　マグニチュード7　マグニチュード8

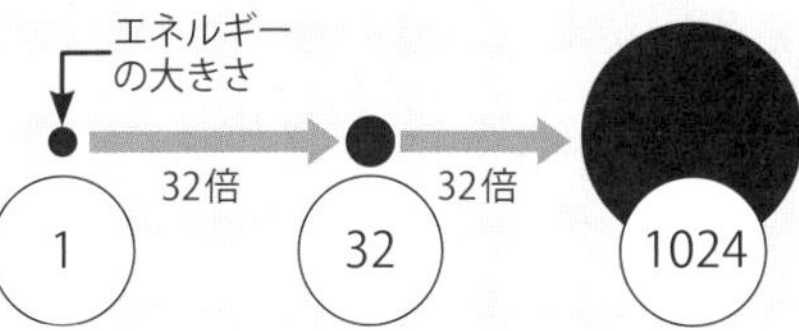

「マグニチュード7」の32倍の地震とは?

1995年の阪神・淡路大震災までは震度5弱、震度5強という表現はありませんでした。しかし同じ震度5でも被害の大きさに差異があることがわかり、阪神・淡路大震災以降、震度5弱は震度4.5以上~5.0未満、震度5強は震度5.0以上~5.5未満、震度6弱は震度5.5以上~6.0未満、震度6強は震度6.0以上~6.5未満、震度6.5以上は震度7と分類されるようになりました。

震度と一緒にマグニチュードも発表されますが、マグニチュードとは地震のエネルギーのことを表し震度とは比例しません。

マグニチュードはその数値が1増えるたびに、エネルギーは約32倍になります。

ひとくちメモ

たばこのパッケージにはルールがあります!

日本では表と裏の総面積に対し50%以上の大きさで「健康を害する」という意味の告知をしなければなりません。

図解「震度8」という数値がない不穏な理由

震度

マグニチュードと震度は異なります

地震の大きさ

揺れの大きさ

日本で最近起きた震度6強以上の大地震

2016年4月14・16日　熊本地震（震度7）
2018年9月 6日　北海道胆振東部地震（震度7）
2019年6月18日　山形県沖（震度6強）
2021年2月13日　福島県沖（震度6強）
2022年3月16日　福島県沖（震度6強）

机上の計算ですが、もし震度8の揺れが起こると地球が破滅してしまうことになります！

2011年3月11日　東日本大震災

震度7　マグニチュード9.0

6 五輪が「4年毎に開催」の天文学的意味

◆「オリンピック」と「数」の関係

4年に一度開催されるオリンピック。そもそもなぜ「4年」なのでしょうか。その由来は古代オリンピックにあると言われています。

古代ギリシャ人にとって8年周期は重要な意味をもっていたため、古代オリンピックはギリシャで8年に1度行われていました。それがやがて半分の4年に1度開催されるように変化したのです。ギリシャ神話で金星と関係するとされた女神アテナを祝福するため、金星と地球が同じ位置で一直線上に並ぶ4年に1回の周期に合わせたという説もあります。前776年に始まったとされる古代オリンピックは393年の第293回大会を最後に、1169年間の伝統に幕を閉じました。古代オリンピックの伝統を守りつつ、現在行われている近代オリンピックは4年に1度開催されることになったのです。

図解「6色」ならどんな国旗も描ける?

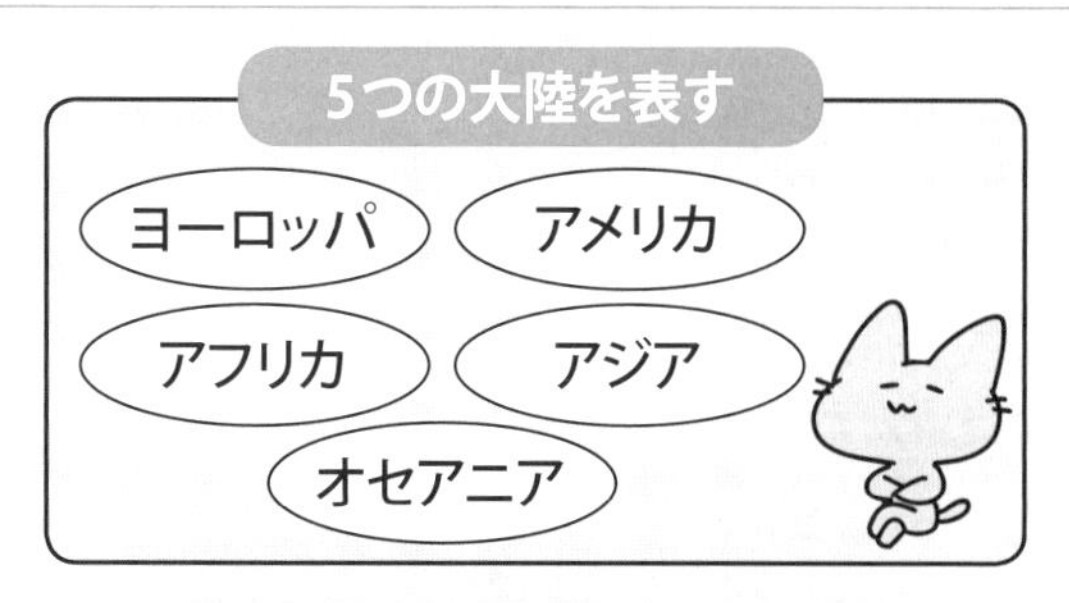

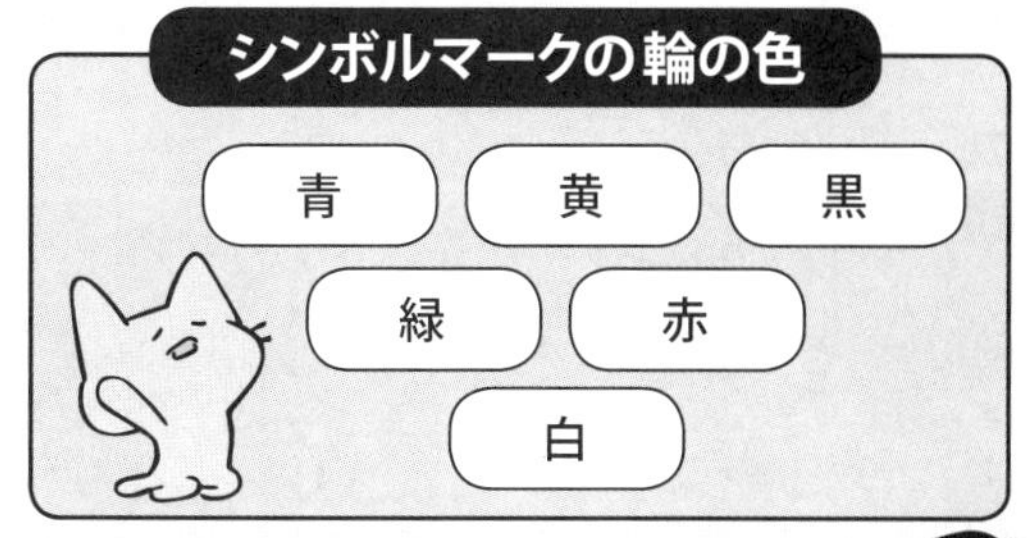

オリンピックのシンボルマークは青・黄・黒・緑・赤の5色だと思いがちですが、地の色の白を含めて6色です

赤 白

ほとんどの国旗の表現が可能

五輪マークは「5色」ではなく「6色」？

今ではおなじみとなったオリンピックのシンボルマークをデザインした人物は、近代オリンピックの祖であるクーベルタン男爵です。**ヨーロッパ・アメリカ・アフリカ・アジア・オセアニアの5大陸を表しています。**そのシンボルマークに使用されている青、黄、黒、緑、赤の5つの輪がオリンピックの色だと思いがちですが、地の色の白もオリンピックのシンボルカラーなのです。

この6色があれば、世界の国旗のほとんどを表現できるという理由で選ばれたと言われています。このシンボルマークは1920年のアントワープ（ベルギー）五輪から公式に用いられるようになり、5つの大陸とあらゆる人種、民族の友好関係を表すものとされました。

ひとくちメモ

「五輪」は新聞記者が使い始めたのが最初！

オリンピックのマークの5つの輪を見て新聞記者が「五輪」と記事で使ったのが「五輪」という言葉のルーツ。

図解 五輪が「4年毎に開催」の天文学的意味

古代オリンピック

4年周期で開催

▲オリンピアのゼウス神殿（復元図）

紀元前776年に古代オリンピックは始まったとされる

↓

神々を崇めるために開催

金星と関係があるとされるアテナを祝福するため、4年に1度の開催となったという説がある

第1回大会 → 第293回大会

古代オリンピックは1169年間開催

第1回大会から第13回大会まで

実施されていた競技は約191mを争う「競走」の1種目だけでした

7 ゲーム理論——「数学的に考える」コツ

◆「囚人のジレンマ」って何？

何が一番最良の選択肢なのか、**数学的に戦略を立てるゲーム理論として有名なものに「囚人のジレンマ」という話があります。**

囚人Aと囚人Bが共犯で罪を犯しました。取り調べでAとBがそれぞれ別室で取調官から「自白するか黙秘するかのどちらかを選べ。お前が自白して相手も自白したらそれぞれ懲役5年、お前が自白して相手が黙秘したら、お前は無罪で相手は懲役10年。反対にお前が黙秘して相手が自白した場合、お前は懲役10年で相手は無罪、お互い黙秘したら懲役2年だ。自白するか黙秘するか、どうする?」

左ページの【図1】をご覧ください。Bが黙秘したケースでは、Aは黙秘すると2年、自白すると無罪になるので自白するのが得です。相手が自白したケースでは、黙秘すると懲役10年、自白すると懲役5年なので自白したほうが得です。

図解「囚人のジレンマ」って何？

【図1】

⇩Ⓑ

⇨Ⓐ

	黙秘	自白
黙秘	A：2年 B：2年	A：10年 B：無罪
自白	A：無罪 B：10年	A：5年 B：5年

相手Bが黙秘した場合

自分Aが黙秘する⇒2年
自分Aが自白する⇒無罪

相手Bが自白した場合

自分Aが黙秘する⇒10年
自分Aが自白する⇒5年

相手Bが黙秘しようが自白しようが、自分Aは自白したほうが自分にとっては得になることがわかります

数学的に考えないと「最悪の選択」をする？

相手は黙秘しようが自白しようが、自分が自白したほうが得になり、当然相手も同じことを考えるので、AとBはそれぞれ自白することになります。

この選択はお互いにベストな選択でないことは左ページの【図2】を見ればわかります。お互い黙秘するほうが、お互いにベストな選択です。しかし、自分が黙秘して相手が自白したら懲役10年のリスクを負います。この状態を「ナッシュ均衡」と呼びます。お互いにとってベストの利益を得られると思い込んでいる選択肢でも、悪い結果になることを示しています。連続してこのような選択をするとどうなるでしょうか。**自分だけの利益を追求し過ぎると、最悪のシナリオに向かってしまうのです。**

ひとくちメモ

100万円の重さと100円の重さは同じです

1円硬貨の重さは1gですから1g×100 枚＝100g。1万円札の重さも約1gですから、1g×100 枚＝100gで同じです。

図解 ゲーム理論――「数学的に考える」コツ

【図2】

⇩Ⓑ　最良の選択

	黙秘	自白
黙秘	A：2年 B：2年	A：10年 B：無罪
自白	A：無罪 B：10年	A：5年 B：5年

⇨Ⓐ

最良の選択

Ⓐ⇨黙秘　Ⓑ⇨黙秘

自分のことだけ考えた選択

Ⓐ⇨自白　Ⓑ⇨自白

ナッシュ均衡

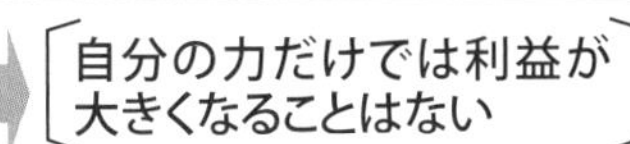

自分の力だけでは利益が大きくなることはない

自分にとっての利益だけ追求し続けていると、結果的には悪い方向へ向かうことになってしまいます

8 数えるとき「正」の字を使う意外な理由

◆「画線法」って何？

数を教えるときに「正」の字を書いたことはないでしょうか？　これは「画線法」という数の表記方法です。しかし日本では昔から「正」の字を使って、数を数えていたわけではありません。**江戸時代の人たちは数を数えるときには、「玉」の字を書いていました。**「正」の字を使うようになったのは明治時代以降です。「玉」の字を使わなくなった理由は「王（＝4）」の後に「、」を書いて「5」を表しますが、当時は墨を使って筆で書いていたため、うっかり墨を垂らしてしまい、誤記することがあったからなのです。

海外に目を向けると、アメリカ・ヨーロッパ・オーストラリアの画線法は、4は「Ⅲ」で、5は斜めに線を引く方法、南米で使われている画線法には▨、他にも☆を書いて表現する地域もあります。ちょっと違和感がありますね。

図解 「九十九里」が「16里」しかない訳

千葉県・九十九里浜

1里＝4km 99×4＝約400km

実際には九十九里浜は約 66km（約16.8里）

九十九里浜になった理由

平家を迎え撃つために
99本の矢を立てる

6町 6町 …… 6町 6町

1町＝約110m 6町＝約660m
6町＝当時の1里 99本の矢が必要

「99」――「数字が入る地名」の謎

千葉県にある九十九里はその名称通りなら、1里は約4㎞（3・92㎞）ですから、99里は約400㎞になります。しかし九十九里浜は実際には約66㎞、つまり16・8里しかありません。

どうして16・8里しかないのに九十九里浜と呼ぶのでしょうか。その理由は鎌倉時代までさかのぼります。

源頼朝が平家を迎え撃つために、現在の九十九里の浜辺を訪れました。6町（1町＝約110m）を1里として矢を立てたところ、浜辺全体で99本の矢が必要となりました。

1里ごとに1本の矢を立てたのですから、99本で99里です。ここから九十九里浜という名称になったのです。

ひとくちメモ

マンホールのふたがすべて円形である理由

マンホールが四角形だと簡単に中に落ちてしまいますが、円形だと絶対に中には落ちません！

図解 数えるとき「正」の字を使う意外な理由

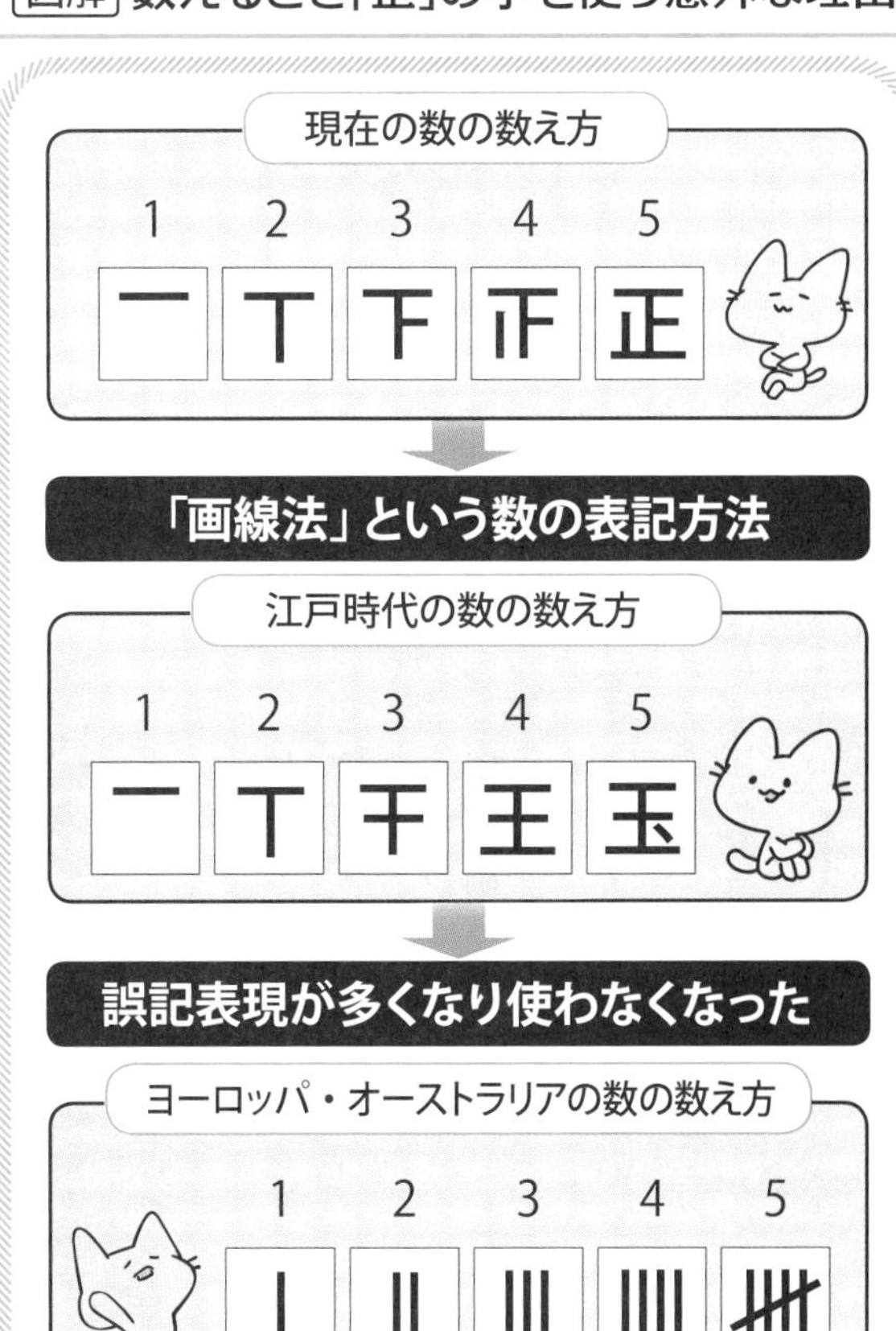

「0120」という数にある2つの意味

◆「電話番号」の不思議

市外局番は「0」から始まっています。この「0」にはちゃんとした役割があるのです。**電話機に「0」を入力することによって「これからエリア以外に電話をかけますよ」**という合図を電話機に教えるようになっているのです。

携帯電話から電話をかけるときに、同じ市内からかけているにもかかわらず、市外局番を省略することができません。その理由は、どこを基準にして発信されているかを電話機が判別できないからです。同じように**「1」を押すと、「緊急性や公共性のあるところに電話をかけますよ」**という合図になります。「110」「119」などは緊急性があり、「117」「177」は公共性がありますね。

携帯電話の番号の頭の数字「090」や「080」は市外局番のように感じますが、こちらは「携帯電話」であることを認識させる番号です。

図解「電話番号」の不思議

最初の0

「これからエリア以外に電話をかけますよ」

最初の1

「緊急性や公共性のある箇所に電話をかけますよ」

電話機に合図を送っています

［日本中どこからかけても判別できます］

緊急性や公共性のある番号

110	119	177	117
警察	消防	天気	時報

「静岡県・御殿場市の市外局番」の謎

電話番号は、総務省の総合通信基盤局の番号企画室によって割り当てられています。「0120」という番号をフリーダイヤル（着信者課金番号）に割り当てたのは、特殊なサービスであることをわかりやすくするためです。受信者が料金を支払うしくみ（着信課金）になっている番号に「0800」もあります。

発信者が別途課金される電話番号に「0570」というナビダイヤルがあります。かつて社会問題にまで発展したＱ2という電話番号もありました。「0990」というダイヤルＱ2という電話番号もありました。**「0××0」は特殊なサービスを表す電話番号ですが、ひとつだけ例外があります。静岡県御殿場市の市外局番の「0550」です。**

ひとくちメモ

最初のキログラムは水の重さ(質量)で決まった!

4℃の水1ℓの重さを1kgとしています。すると、1cm³の水の重さは1gとなります。これは世界共通の単位です。

図解 「0120」という数にある2つの意味

フリーダイヤル

〔0120〕　〔0800〕

フリーダイヤルとは1985年12月3日からサービスが開始された、着信者が通信料を負担するしくみです

ナビダイヤル

0570

特殊電話サービスのひとつ。通話料金とは1分＝○円という具合に別途利用料が発生するしくみの電話番号です

0××0＝特殊サービスの番号

例外
0550 → 〔静岡県御殿場市の市外局番〕

世界一役に立つ「数学者」の話 ③

アイザック・ニュートン

――リンゴが落ちただけで、なぜ、「大発見」できた？

ニュートンはイングランド東部のウールズソープという小さな農家で生まれました。生まれたときは未熟児で、両親は無事育つかどうか心配するほどでした。幼少期は学問にはほとんど興味を示さなかった、という記録が残っています。

数学に興味を持ち始めたのは18歳の頃で、1661年にトリニティ・カレッジ（ケンブリッジ大学）に入学。彼の才能は開花することになりました。

ニュートンが学位を取得したころ、ロンドンではペストが大流行し、大学は閉鎖されました。そのため1665年から1666年にかけ、彼は二度ほど故郷、ウールズソープへ戻り、自由に自身の着想について考える時間を得られました。その中で1665年にはリンゴが木から落ちる様子を見て万有引力に気づき、さらに微分積分法の発見へとつながっていったといわれています。

アイザック・ニュートン

（1642年〜1727年）

イギリス出身の物理学者・天文学者・数学者。「力学」「数学」「光学」の３つの分野において大きな功績を残しました。

図解 ニュートンは「どこ」がすごい？

ニュートンの3大発見

力学
［万有引力］

数学
［微分積分法］

光学
［光の分析］

万有引力と月

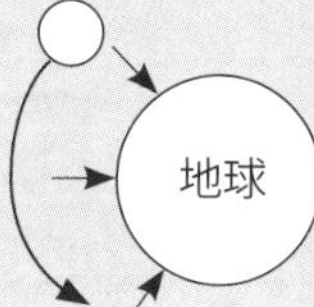

ニュートンは月が地球の周りを回っているのは、地球の万有引力が月に影響を与えているためと考えました

「三分野」で「三大発見」をするニュートンのすごさ

ニュートンは「万有引力」「微分積分法」のほかにもプリズムを使い、太陽の光と屈折率の関係を見つけ出し、反射望遠鏡の発明へとつなげました。

ニュートンは「力学（万有引力）」「数学（微分積分法）」「光学（光の分析）」の3つの分野において、大きな功績を残すことになったのです。

この3つの功績は「ニュートンの三大発見」として、後世に大きな影響を及ぼしました。

このような歴史的な偉業を成し遂げたニュートンですが、私生活はズボンをはかずに外を歩き回ったり、時計を鍋に入れてゆでてしまったりと、おかしな行動をする一面もあったというから驚きです。

「数と数字」雑学

ニュートンは錬金術に夢中になった時期や、政治家として活動した時期もありました。

楽しくて役に立つ！教養としての「数と数字」

① 論理力がつく「クレタ人のウソ」問題

◆「クレタ人のパラドックス」って何？

古代ギリシャ時代、七賢人と呼ばれたクレタ島出身の哲学者、エピメニデス（前600年頃）は「クレタ人はみな嘘つきだ」と述べました。この言葉の真偽を検証すると、訳がわからなくなってしまいます。

「クレタ人はみな嘘つきだ」ということが正しいことだと仮定してみましょう。するとこの言葉を発しているクレタ人は嘘をついていない人、つまり「クレタ人は正直者」になってしまいます。しかし「クレタ人はみな嘘つきだ」は正しいことだと仮定しているのですから、この仮定と異なった結論になります。

反対に「クレタ人はみな嘘つきだ」が間違いだとしてみましょう。すなわち「クレタ人は正直者」と仮定します。クレタ人であるエピメニデスは「クレタ人はみな嘘つきだ」と話しているのですから、仮定と異なった結論になってしまいます。

図解 「パラドックス」で頭を磨こう!

パラドックス=逆説背理

自分でヒゲを剃る人のヒゲは剃りません。自分で剃らない人のヒゲはすべて剃ります。では、理髪店の主人自身のヒゲは誰が剃るのでしょうか?

A	B
理髪店の主人が自分でヒゲを剃らない	理髪店の主人が自分でヒゲを剃る
↓	↓
理髪店の主人は、自分でヒゲを剃らない人に属する(客と同じ)	理髪店の主人は、自分でヒゲを剃る人に属する
↓	↓
理髪店の主人は、客に対してと同じように、自分でヒゲを剃らなくてはならない	自分でヒゲを剃る人のヒゲは剃らない
最初の命題に反する	最初の命題に反する

誰かに剃ってもらおうが、自分で剃ろうが、どちらの場合でもヒゲを剃ることができません!

「誰が理髪店の主人のヒゲを剃る?」という問題

他にも似たような話として「ヒゲを剃らない理髪店の主人」があります。理髪店の主人は**「自分でヒゲを剃る人のヒゲは剃りません。しかし自分でヒゲを剃らない人のヒゲはすべて剃ります」**と言ったのです。

主人が自分でヒゲを剃らないと、「自分でヒゲを剃らない人のヒゲはすべて剃ります」という命題に当たります。すると、主人は自分でヒゲを剃ることになります。これは最初の命題と矛盾します。いったい誰が主人のヒゲを剃っているのでしょうか?

「クレタ人」や「理髪店の主人」の話のように、正しいように感じても正しいとはいえない、間違っているようで実は正しいという関係を「パラドックス」といいます。

ひとくちメモ

他の国では虹の色は7色ではありません!

日本では虹の色は7色とされていますが、アメリカでは6色、ドイツでは5色です。色に対する考え方、感じ方の違いによります。

図解 論理力がつく「クレタ人のウソ」問題

クレタ島出身の哲学者

クレタ人はみな嘘つきだ！

「クレタ人はみな嘘つきだ!」とクレタ人が言っている	「クレタ人はみな嘘つきだ！」間違いと仮定
↓	↓
嘘つきが言っているので正直者になってしまいます	嘘つきが「間違い」と言っているので、正直者になってしまいます
↓	↓
クレタ人は正直者	クレタ人は正直者

前提を「正しい」「間違い」とどちらに仮定しても、前提と異なる結論になってしまいます！

②「確率で正しく考える理系脳」になる法

◆「当たりくじ」の謎

ABCの封筒の中にひとつだけ当たりが入っているくじを引くイベントがありました。イベントの司会者は、どの封筒に当たりが入っているか知っており、挑戦者が最初に選択した後、残りの封筒の中からハズレの封筒を教えてくれます。

挑戦者がこの3つの中からAのくじを選びました。すると司会者は、挑戦者が選択しなかったBの封筒はハズレであることを教えてくれます。その後、司会者は挑戦者に向かい、「選択はAの封筒のままでいいですか？　Cの封筒に変更しませんか？」といいます。

挑戦者はどうすればいいのでしょうか？　**最初に挑戦者が選んだ封筒Aが当たりである確率は、3つの封筒の中から選んだのですから、Cに変更しても当たりの確率は1/3のように感じます。本当にそうでしょうか？**

図解 「当たりくじ」の謎

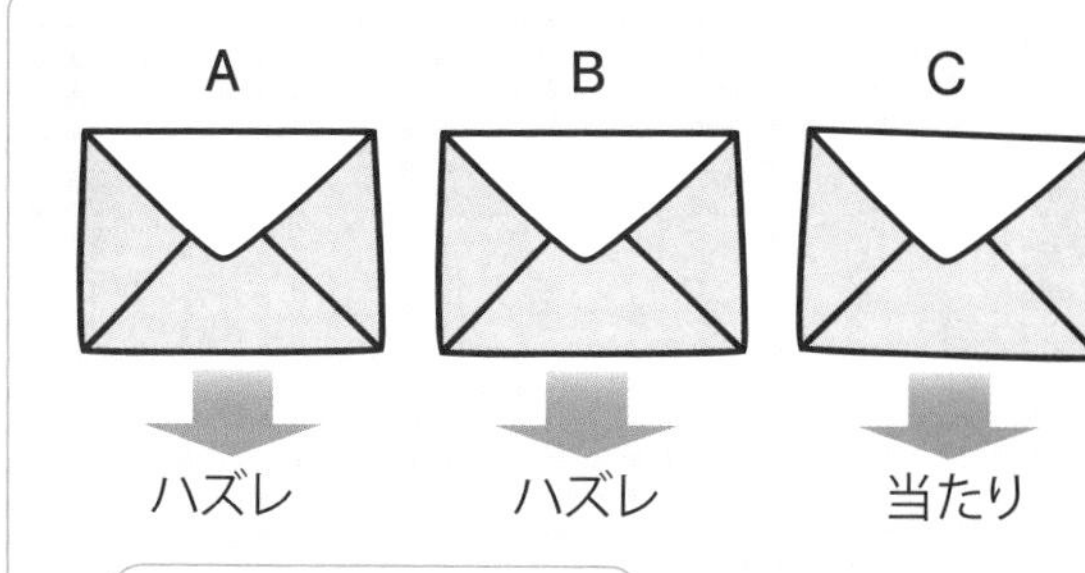

選択した封筒を変えない場合

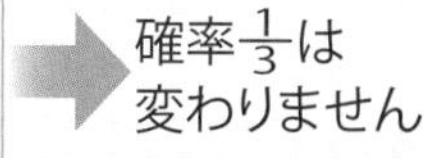

選択した封筒を変えた場合

<Cが当たりのとき>

最初にAを選択⇒Cを選択で当たり
最初にBを選択⇒Cを選択で当たり
最初にCを選択⇒AかBを選択でハズレ

このゲームでは、最初の選択肢を変えると当たる確率は$\frac{1}{3}$から$\frac{2}{3}$にアップするのです！

「決断を変更したほうが正しい」数学的理由

実は変更したほうが、当たりを引く確率がアップするのです。 Cが当たりだと仮定しましょう。選択した封筒を変えない場合、当たる確率は1/3です。変更しないのですから確率は変わりません。

変更した場合はどうでしょうか。最初にAを選んだケースでは、司会者はハズレがBと教えてくれますから、挑戦者はCに変更することになり当たりです。Bを選んだケースでは、Aがハズレだと教えてくれますので、Cに変更することになり、こちらも当たりとなります。当たりとならないのは、最初にCを選んだケースだけです。**最初に当たりを選択したとき以外は、変更すると当たりになります。**

ひとくちメモ
一人で旅をすることは「ひとり旅」ではない?

漢字の「旅」には集団行動という意味があり、ひとり旅は「ひとり+集団」という意味でおかしな言葉になります。

図解「確率で正しく考える理系脳」になる法

A
B
C
挑戦者は3つの封筒から1つを選択する
司会者は残り2つの中から1つハズレを教える
?
選択を変える
選択を変えない
当たる確率はどちらも一緒か？
アメリカのTV番組で同様な問題が出題され、番組の司会者モンティ・ホールから「モンティ・ホール問題」と呼ばれています！

③ ここ一番に強くなれる？「3囚人問題」

◆「確率」の不思議

「3囚人問題」という有名な確率論の問題があります。1959年、アメリカの数学者であるマーティン・ガードナーによって紹介されました。

ある監獄にA、B、Cという3人の囚人がそれぞれ独房に入れられています。罪状は3人とも似たりよったりで、近々3人まとめて処刑される予定になっています。ところがある日、恩赦（おんしゃ）が出ることになり、3人のうちランダムに選ばれた1人だけ助かることになったのです。しかし3人には誰が恩赦になるかは明かされていません。それぞれの囚人は看守に対し「私は助かるのか？」と聞いても、当然、看守は答えてくれません。つまりこの時点では、囚人Aが恩赦になる確率はランダムに選ばれるのですから1/3であると考えられます。

そこで囚人Aはある考えを思いつき、看守に向かってこう頼んだのです。

図解 「確率」の不思議

独房にいる3人の囚人

囚人A　囚人B　囚人C

恩赦で3人のうち1人だけ助かる

恩赦になる確率は3人とも3分の1です

変わるようで変わらない——数の不思議

「私以外の2人のうち少なくとも1人は死刑になるはずだ。その者が誰だか知りたい。私のことじゃないんだから教えてくれてもよいだろう?」すると看守は「Bは処刑される」と教えてくれました。それを聞いた囚人Aはひそかに喜びました。Bが死刑になることが確定した以上、恩赦になるのはAかCのいずれか一方であるはずです。つまりAが恩赦になる確率が$\frac{1}{2}$に上昇したからです。

しかし、もともと2人は処刑されるわけです。Aが恩赦を受けるなら、BとCの処刑は決まっていたわけです。**Bが処刑されることをAが知ったところで、Aが恩赦を受ける確率の$\frac{1}{3}$が変化するわけではありません。**Aが単に事実を知らなかっただけなのです。

ひとくちメモ

誰もが知っているルーレットの考案者は?

カジノで有名なルーレットゲームを考案したのは、フランスの哲学者であり数学者のブレーズ・パスカルという説があります。

図解 ここ一番に強くなれる？「3囚人問題」

私以外の1人は処刑されるはずなので、その人を教えて欲しい

私のことではないのだから教えてくれてもいいだろう…

処刑される囚人の1人はBじゃよ

処刑される残り1人は自分か囚人C

囚人Aが恩赦を受ける確率

最初の確率

$\frac{1}{3}$

囚人A：？
囚人B：処刑
囚人C：？

囚人Aが恩赦を受ける場合は囚人B、Cが処刑されます。囚人Bが処刑されるとわかっても確率は変化しません！

④ 電卓と電話「数字の配列」がなぜ違う？

◆電卓は「0」、電話は「1」を優先

公衆電話と電卓の数字の配置を比較すると異なっています。公衆電話は指のムダな動きがなくダイヤルしやすいように「1」から順に番号を並べて配列したのが始まりで、何度も替えて最も使い勝手のよい配列として今の形に決定されました。固定電話がダイヤル式のとき、上から電話機を見下ろすとき、最も目線がいきやすい位置に1が置かれたという説もあります。

電卓の数字配列は、左下から右にひとつのところに0があり、ものによってその右に「00」「・」「=」などが並んでいます。電卓は計算に使用するため、一番よく使う数字は0です。ボタンを押すときには、右手の人差し指を使う人が多数います。以上のような理由から、電卓を操作する指に最も近い位置に0を配置し、それに続く数字を下から順に並べているのが電卓の数字の配列の理由です。

図解 昔の電話も「1」を優先

固定電話の移り変わり

ダイヤル式

プッシュホン式

消防署への
緊急電話番号

112
（間違い電話が
多発）

119に変更

日本で最初の緊急電話番号は1926年、消防署への112でした。110は1948年から導入されました

緊急電話番号「112」を「119」に変更した訳

火事が起こったときに通報する緊急電話番号は「119」です。しかし最初は「112」だったのです。

当時の電話は今のようなプッシュ式ではなくダイヤル式で、隣り合わせの番号を導入することにより、いち早く電話をかけられるために「112」にしたのです。

しかし間違い電話が多発したため、それを防止するため、「1」から離れたところにある「9」に変更しました。

警察への「110番」は火事の場合とは異なり、「1」から一番離れている「0」にすることにより、心を落ち着かせる効果を狙い「110」としました。

「110番」は1948年から導入されました。

ひとくちメモ

得意なことを指す十八番は歌舞伎がルーツです

1832年に歌舞伎界の七代目市川團十郎が得意な18演目を選び「歌舞伎十八番」と呼んだのが十八番(おはこ)の由来です。

図解 電卓と電話「数字の配列」がなぜ違う？

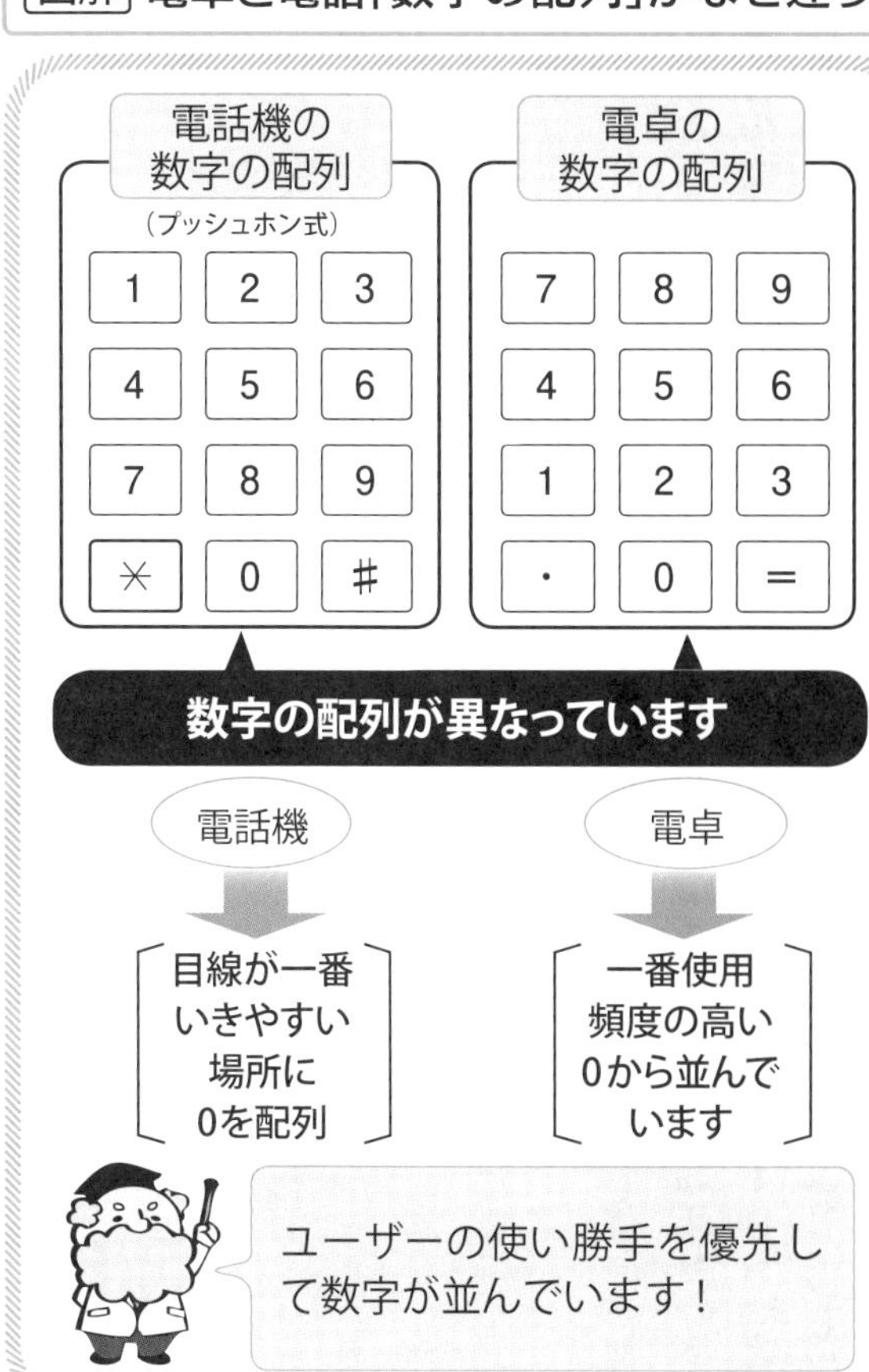

5

マラソンが約42㎞になった勝手な理由

◆「マラトンの戦い」起源説はウソ

オリンピックの最終種目はマラソンです。このマラソンの距離が42・195㎞と半端な数なのはどうしてでしょうか。マラソンの距離はマラトンからアテネまで兵士が走った距離が42・195㎞だと言われていますが、実際に測ると約37㎞で42・195㎞より短い距離です。第7回のオリンピックまでは曖昧な距離で競技が行われ、その距離は約40㎞というものでした。

42・195㎞となったのは1908年、第4回ロンドン大会からです。当初は42㎞で行われる予定でしたが、**貴賓席で観戦予定のイギリスのアレキサンドラ王女からの要望で、ゴール地点を貴賓席前まで延長したため42・195㎞となりました。その後、1924年の第8回パリ大会から正式な競技距離として42・195㎞が採用されました。**

図解 マラトン・アテネ間は「37㎞」！

マラソン

距離
42.195km

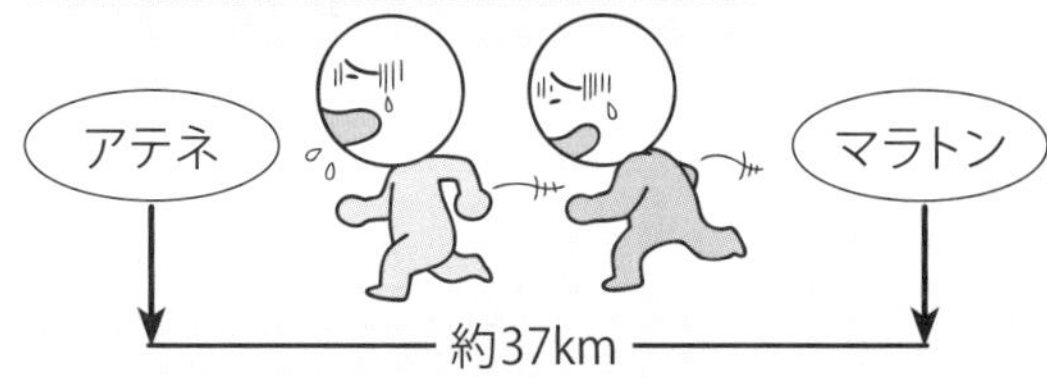

マラトンからアテネまでの距離は約37km

第4回ロンドン五輪

王女

195m　42km

当初のゴール　スタート

王女の前をゴールにしたため195m分
ゴール地点をずらす⇒42.195km

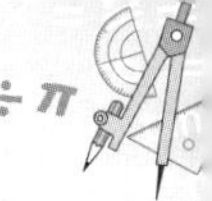

「42・195㎞」なんて、どう測るの？

マラソンは日本国内はもちろん、世界各国で行われています。トラック競技とは異なり、都合よく42・195㎞の場所など存在するわけもなく、コースはその場所ごとに設定しなければなりません。

距離の測定には2つの方法が用いられており、「陸上競技審判ハンドブック」によると、ワイヤーロープを用いて歩きながら計測する方法と、自転車にカウンター計を取り付けて計測する方法があります。

ワイヤーロープを使用するときは、50mのワイヤーを尺取虫のようにして、何度も同じことを繰り返し計測します。42・195㎞を計測するには同じ動作を844回も繰り返す計算になります。

ひとくちメモ　サッカーのエース番号が「10」であった理由

サッカーの神様・ペレ選手の背番号が10だったので「エースの背番号＝10番」が定着しました。現在は他の番号もあります。

図解 マラソンが約42kmになった勝手な理由

マラソン・距離の計測方法

ワイヤーロープを使用して手動で計測

自転車にカウンター計をつけて計測

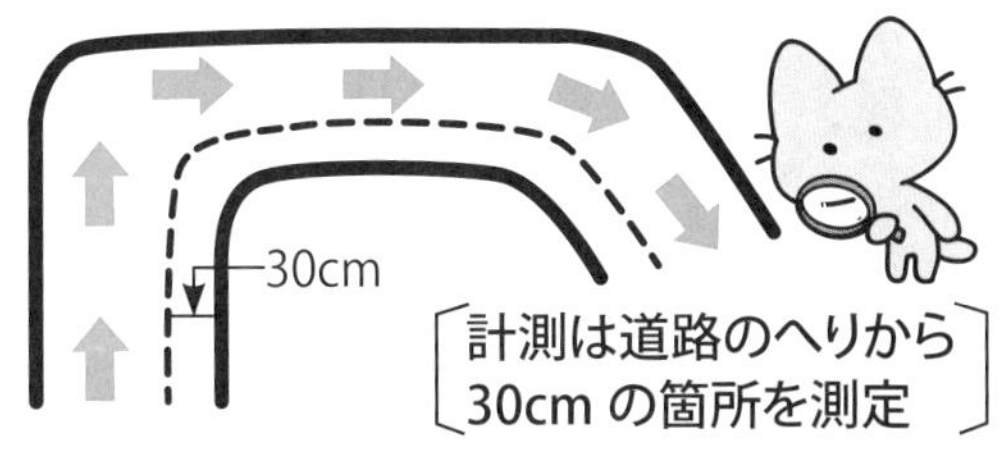

〔計測は道路のへりから30cm の箇所を測定〕

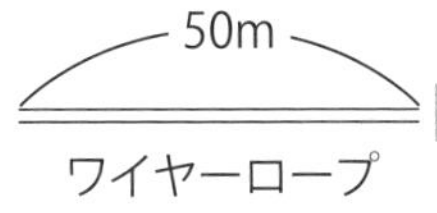

50mのワイヤーを尺取虫のようにして繰り返し計測

42.195km を計測するには…

42195m÷50m＝843.9

同じことを844回繰り返して計測

6 コイン投げで表が出るのは「何回目」？

◆「確率50％」の不思議

確率50％のくじは2回引けば当たりを1回引けそうな感じがしますが、計算上では75％の確率でしか当たりくじを引くことができません。

この場合のくじとは、ハズレくじを引いた場合、ハズレくじをもとに戻すルールとします。1回目に当たりくじを引く確率は$\frac{1}{2}$です。2回目に当たりくじを引く確率は、1回目にはハズレくじを引いているわけですから、1回目にハズレを引く確率$\frac{1}{2}$に2回目に当たりを引く確率$\frac{1}{2}$をかけ、$\frac{1}{4}$（＝25％）ということになります。つまり、くじに2回挑戦して当たりを引く確率は50％＋25％で75％となります。この場合の当たりの確率$\frac{1}{2}$を、成功確率50％に置き換えてみましょう。成功確率50％のものに対して2回挑戦すれば成功しそうですが、実際には75％の確率でしか成功しない計算となります。

図解 「確率50%」のトリック

2本に1本当たりが入っている

当たりを引く確率は50%

くじを2回引くと当たりを引く確率は100%？

ハズレくじを引いた場合はくじをもとに戻す

＜2回目で当たりを引く 確率＞

1回目にハズレ

2回目に当たり

ハズレる確率 $\frac{1}{2}$

当たる確率 $\frac{1}{4}$

［1回目で当たりくじを引く確率 $\frac{1}{2}$
2回目で当たりくじを引く確率 $\frac{1}{4}$］

くじをもとに戻すルールでは2回くじを引いて当たりを引く確率は$\frac{1}{2}+\frac{1}{4}=\frac{3}{4}$(75%)です。

「成功確率1%」が数字以上に失敗する理由

成功確率1%のものだと、挑戦する回数はさらに増えます。**成功確率1%とは、100回挑戦すれば成功するように感じますが、成功確率50%と同じように計算すると、約450回のチャレンジが必要となります。**

コインを投げ、表が出る確率は50%でした。しかし100回投げてぴったり50回表が出る確率は約8%しかありません。100回投げて50回ピタリと表が出る確率とは、100枚のコインの中から50枚を選ぶ組み合わせと同じことです。

これを計算すると0.0799…となり、約8%となります。確率50%とは、100回投げて表は「50回程度出る」という「頻度」を示している数字なのです。

ひとくちメモ　徒歩○分と使われる基本となる数値とは

徒歩1分とは、法律で定められていて80mを指しています。徒歩5分では、80m×5分で400mとなります。

図解 コイン投げで表が出るのは「何回目」？

成功確率1%

100回挑戦する　　必ず成功するわけではない

確率1%のものを100回挑戦しても必ず成功するとは限りません！

確率1%のものを、ほぼ100%成功するには、約450回挑戦しないと達成できない計算となります

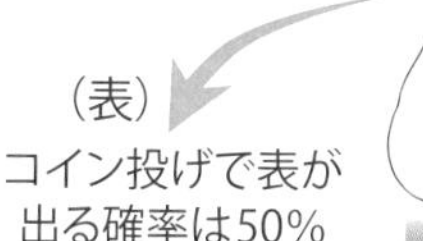

（表）
コイン投げで表が出る確率は50%

（ウラ）
コイン投げでウラが出る確率は50%

コイン投げで表が出る確率は50%

100回投げてぴったり表が50回出る確率

約8%

確率50%とは100回投げれば50回程度出るという意味です

⑦ 偶数より奇数が出る確率がなぜ高い？

◆「偶数・奇数」の不思議

「残りモノには福がある」のでしょうか。5本の中に当たりが1本あるくじがあるとします。A君が一番最初にくじを引きます。5本に1本が当たりなのですから、A君が当たりを引く確率は$\frac{1}{5}$です。しかし結果はハズレ、B君は2番目にくじを引きます。ハズレくじは1本なくなっているわけですから、B君が当たる確率は$\frac{1}{4}$です。B君もハズレくじを引き、C君が引く順番です。

残りの3本の中に当たりくじは残っているので、当たる確率は$\frac{1}{3}$です。A君がハズレくじを引く確率は$\frac{4}{5}$です。B君がハズレくじを引く確率は$\frac{3}{4}$です。連続してハズレを引く確率は$\frac{4}{5}\times\frac{3}{4}$で$\frac{3}{5}$です。最後のC君が$\frac{1}{3}$の確率のくじを引くわけですから、$\frac{3}{5}\times\frac{1}{3}=\frac{1}{5}$となり、当たりを引く確率は$\frac{1}{5}$、最初の確率と同じで残りモノに福はないのです。

図解 「残りモノには福がある」を計算！

残りモノには福がある？

5本に1本当たり

A君が当たりを引く確率 $\frac{1}{5}$

B君が当たりを引く確率 $\frac{1}{4}$

［当たりを引く確率は $\frac{1}{5}$ ⇨ $\frac{1}{4}$］

残りモノには福があるように感じます

C君が当たりを引く確率

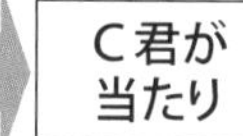

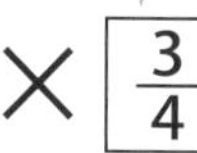

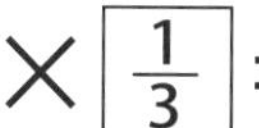

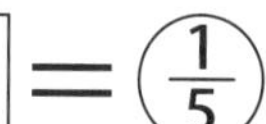

A君がハズレ	B君がハズレ	C君が当たり
$\frac{4}{5}$	$\frac{3}{4}$	$\frac{1}{3}$

$$\frac{4}{5} \times \frac{3}{4} \times \frac{1}{3} = \frac{1}{5}$$

（注）A君がハズレを引く確率 ⇨ $1-\frac{1}{5}=\frac{4}{5}$

C君が当たりを引く確率は$\frac{1}{5}$。最初の確率と変わっていないので、確率では残りモノに福があるとはなりません！

「偶数か奇数か?」の確率が1/2ではない訳

印象とは異なる確率を紹介してみましょう。袋に入っている9枚のコインの中から何枚か取り出し、その枚数が偶数か奇数かと問われた場合では、どう思いますか?

確率は1/2のように感じますが、実は奇数のほうが確率が高いのです。9枚の中から取り出す枚数は、偶数＝2・4・6・8枚（＝4通り）、奇数＝1・3・5・7・9枚（＝5通り）と奇数の方が多いからです。

似たような例をもうひとつ。2人の子どもがいて、1人が女の子です。もう1人は男の子か女の子なのかを当てようとした場合、このケースも選択肢が男の子、女の子の2択で当たる確率は2分の1のように感じますが、実は男の子と答えたほうが確率は高いのです。

ひとくちメモ

3次元は立体。2次元は面。では0次元はどんな世界?

数学や物理学の世界では、1次元は線、2次元は面、3次元は立体と定義されています。0次元は点の世界です。

図解 偶数より奇数が出る確率がなぜ高い？

9枚のコインの中から何枚か取り出す

何枚か取り出す

偶数　奇数

偶数 ⇒ 2・4・6・8枚（4通り）

奇数 ⇒ 1・3・5・7・9枚（5通り）

どちらを選択すれば確率が高い？

2人の子どもの組み合わせ

兄・弟　兄・妹　姉・弟　姉・妹

1人が女の子の組み合わせ ⇒ 兄・妹　姉・弟　姉・妹

男の子：2組
女の子：1組
⇒ 男の子の確率が高い

④

カール・フリードリヒ・ガウス

――小学生時代「1〜100までの整数の総和」を数秒で解く!

ガウスは1777年、ドイツの都市ブラウンシヴァイクで、レンガ職人の親方である父のもとに生まれました。幼少期から計算能力は高く、小学校時代には神童ぶりを発揮した逸話が残っています。

算数の授業で教師に「1〜100までの数字をすべてたしなさい」という課題を与えられました。多くの生徒たちは一生懸命計算を続けるなか、ガウスは数秒で「5050」という解答を導き出し、教師を驚かせたというのです。

数秒で解いてしまったカラクリは、1〜100までたしていくと、「1+100」「2+99」「3+98」…という組み合わせが50できるため、101×50で5050となります。小学生ですでに高校数学の等差数列の和の公式を理解していたことになります。

カール・フリードリヒ・ガウス

（1777年～1855年）

ドイツ出身の数学者。19世紀最大の数学者といっても過言ではないほど、数多くの功績を残しました。

図解 「暗算が世界一速くなる」コツ

1～100までの整数の総和を求める

1・2・3……………………98・99・100

3+98=101

2+99=101

1+100=101

1から100までは101の組み合わせが50個あります

101×50＝5050

ガウスは19世紀最大の数学者の一人であり、18世紀のレオンハルト・オイラーと並んで数学界の二大巨人とも呼ばれています

数学日記――「日記でも数学をする」情熱

わずか3歳のころ、父親が職人たちに支払う給料の計算をしている姿を見ていた彼は、父親の計算間違いを指摘したというのですから、彼の計算能力は人並み外れていたことがわかります。

大学に進んだ彼は、当時難しいとされていた正17角形の作図を定規とコンパスだけで描く方法を発見しました。

この発見がきっかけとなり、数学的発見を記述した「数学日記」をつけはじめ、本格的に数学者としての道を歩むことになりました。その後、整数論の世界でもその能力を大いに発揮することとなります。

ガウスの功績を称え、彼の肖像はドイツ・マルク紙幣に印刷されていました。

「数と数字」雑学

ガウスは統計学にも長けており、投資の世界で成功し、安定した財産を築くことにも成功しました。

in (サイン) cos (コサイン) tan (タンジェント) log (対数) lim (極限値) Σ (シグマ) ∫ (インテグラル)

$S_n = \frac{1}{2}n(a+l) = \frac{1}{2}n\{2a+(n-1)$

お金に強くなる!「数と数字」考え方のコツ

1 賭け事で「胴元が絶対に損をしない」訳

◆ギャンブル「儲けのカラクリ」

日本で行われている競馬をはじめとする公営ギャンブル、宝くじ、ロトは「パリミュチュエル方式」を採用しています。

「パリミュチュエル方式」とは総売上げを計算し、そこから胴元は一定の割合を差し引き、残りの金額を的中（当選）本数で分配することです。この方式は1867年フランスのジョセフ・オレールによって考案されました。

胴元が総売上げから一定の割合を差し引くことから、その時点で胴元はけっして損をしないしくみとなっていますが、胴元が損をするケースがあります。それは一定の割合で差し引いた金額が、運営費用を下回ってしまったケースです。

競馬の場合の運営費用の割合は約25％です。運営費用が100万円なら、売上げは400万円以上なければなりません。それを下回ると胴元は損をします。

図解 絶対儲かる「賭け方」とは？

マーチンゲール方式

勝率50% 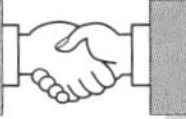 配当は賭け金の2倍

↓

外したら賭け金を倍にしていく

	1回目	2回目	3回目	4回目	
賭け金	100円	200円	400円	800円	…
配当	200円	400円	800円	1600円	…
前回までの賭け金の合計		300円	700円	1500円	…

〔的中したときの利益〕 ↓100円 ↓100円 ↓100円

〔どの時点で的中しても、利益は最初に賭けた金額の100円しかありません〕

机上の計算では100%儲かることになりますが、負け続けると膨大な資金が必要になります

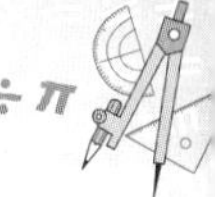

数学的には「胴元に絶対負けない賭け方」がある？

机上の計算では絶対に負けないお金の賭け方が存在します。それが「マーチンゲール方式」です。

カジノゲームで勝率50％、配当2倍のゲームに挑戦する際に、負けた場合は賭けた金額の倍を次のゲームに賭け、負けたら次のゲームでさらに倍を賭け続けていくやり方です。どれだけ負け続けていても、1回の勝利で取り戻すことが可能となる賭け方をいいます。

しかし、これには大きな弱点があります。負け続けると、資金がショートしてしまうことです。

また、得られるリターンは少なく、儲けはどんな場合でも最初に賭けた金額しかないという点です。危険を冒すわりにはリターンは少ないのです。

ひとくちメモ

食べたい気持ちが一番高まる時間が3分！

カップ麺の開発者である日清食品の安藤百福(ももふく)は、3分は空腹感が増して、おいしく食べられる時間だと言っています。

図解 賭け事で「胴元が絶対に損をしない」訳

ギャンブルで採用

パリミュチュエル方式

基本的に胴元が損をしない

パリミュチュエル方式のしくみ

売上げから胴元の利益などを引く

的中者へ分配

胴元が儲からないケース

売上げからの控除額 ＜ 賞金など運営経費

胴元（主催者）が儲からないケースが続くと運営を続けられなくなり、競馬場や競輪場などは閉鎖となります

② 西洋人は「3桁派」、日本人は「4桁派」？

◆「大きな数字」どこでカンマを打つ？

100億というような大きな数を表現するときには、数字を読みやすいようにするため「,（カンマ）」で3桁ずつ区切っています。日本ではアラビア数字が伝わる前、江戸時代では縦書きで数を表す方法が主流でした。

例えば234は「二百三十四」というように、漢数字で表していたのです。3桁程度の数でしたらそれほど問題ありませんが、桁が多くなると、ひと目では、どのくらいの大きさを表している数なのかわからない難点があります。

明治時代になると、西洋の文化が日本にも伝わるようになり、**福沢諭吉は西洋式の会計ルール、すなわち西洋簿記に着目しました。**西洋簿記では数字を3桁ごとに区切り、数字を表現しています。3桁ごとに区切るという手法は見やすくわかりやすいとされ、多くの人たちは数字を3桁ごとに区切るようになったのです。

図解 「3桁ごと」になぜカンマを打つ?

現代の数字

1,000,000

カンマで区切る

江戸時代の数字

234

二百三十四

西洋簿記

西洋式会計ルールに注目

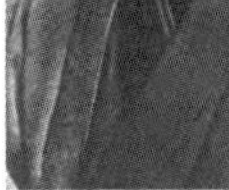

福沢諭吉

100,000,000,000

西洋簿記ではカンマで3桁ごとに区切る

現在では当たり前のように数字を3桁ごとに区切っていますが、初めてそこに着目したのは福沢諭吉でした

「カンマ」を打つ国、「ドット」を打つ国

日本では数の万・億・兆…と4桁ずつ単位が変化するので、1000,00000,0000のように4つずつ区切ればすぐに1000億と読めます。しかし現実には100,000,000,000というように3つずつ桁を区切ります。慣れないとすぐには読めませんね。

今でも3つずつ数字をカンマで区切るのは、福沢諭吉が使い始めた西洋帳簿をそのまま引き継いでいるからです。

日本では3桁ごとに「,(カンマ)」で区切っていますが、フランスやドイツ、イタリアなどでは「・(ドット)」で数字を区切っています。日本のように「,(カンマ)」で数字を区切っているのはアメリカや中国、イギリスなどです。

ひとくちメモ

ウルトラマンはなぜ3分間しか戦えないのか?

特撮の戦闘シーンの経費削減のため、3分間しか戦えないという設定にしたという説があります。

図解 西洋人は「3桁派」、日本人は「4桁派」？

1000,0000,0000,0000

日本では4桁ずつ単位が変化しています

100,000,000,000,000

ビリオン
サウザンド
トリリオン
ミリオン

アメリカでは3桁ずつ単位が変化しています

日本・アメリカ・中国・イギリスなど⇒ ,

フランス・ドイツ・イタリアなど⇒ ・

大きな数字を日本のようにカンマ（,）では区切らずに、ドット（・）で区切っている国があります

③ コンビニが「700円」にこだわる理由

◆利用金額「650円」の壁

コンビニでは年に数回程度、税込購入額700円ごとにくじが1回引けるという、お得な「くじ引きキャンペーン」が開催されています。

税込700円ごとの商品購入で、高い確率で缶コーヒーやアイス、お菓子などがゲットできるのはラッキーです。また、たとえハズレでも、キャンペーン商品獲得のための応募券だったり、何枚か集めれば特定商品がもらえるなど、お客にとっては損のないしくみになっています。

どうして700円という金額なのでしょうか。それは**コンビニで買い物をする顧客の平均金額が約650円だからです。**顧客はくじを引きたいという欲求から、あと50円分以上の商品を一品購入してくれるのではないかという、コンビニ側の狙いも隠されているのです。

図解 コンビニの「くじ戦略」の秘密

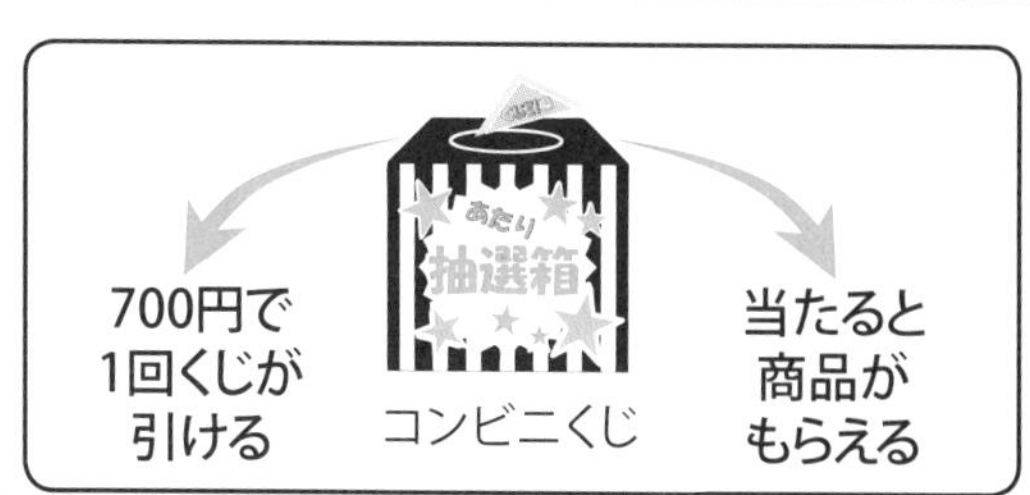

コンビニくじには色々な戦略が込められています

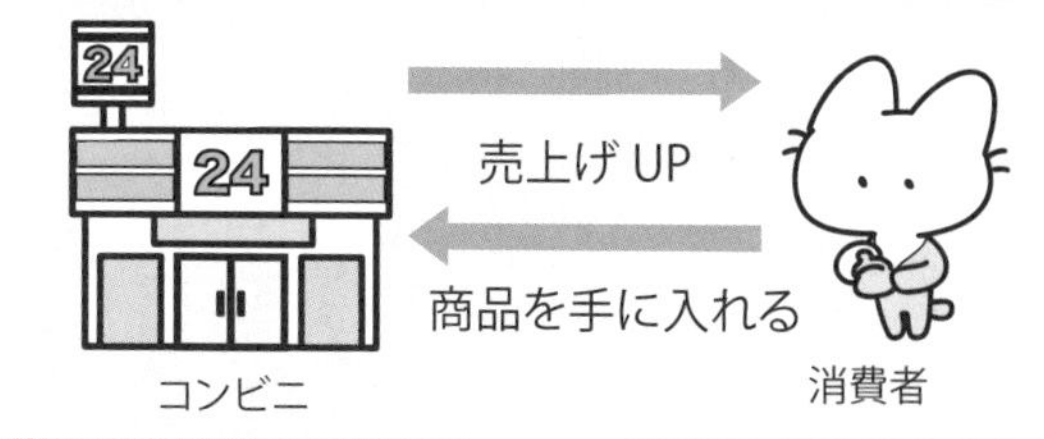

売上げUP　　商品を手に入れる

WIN－WINの関係

コンビニでのひとり平均単価が約650円。700円くじを登場させ、消費者の購買意欲をかき立てようとしました

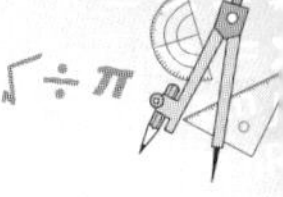

コンビニ「2500点の商品アイテム」の意味

当たり商品の費用を負担しているのはコンビニ側でなくメーカー側です。コンビニ側の懐(ふところ)は一向に痛みません。

コンビニの商品アイテム数は店にもよりますが、多くの場合約2500点程度です。一部の定番以外、年間5000アイテムの商品が入れ替わります。そのためメーカーにとっては、限られたコンビニの陳列棚を確保するのは至難の業なのです。

メーカー側はくじの当たり商品をコンビニ側に無償で提供すれば、当該商品を棚に置いてもらえるメリットが生じます。またその商品の売れ行きがよければ、陳列棚の確保にもつながります。このように、700円くじには様々な戦略が隠されているのです。

雷が近いかどうかは光と音で判別できます！

音の速さは1秒間で約340m。ピカッと光ってから3秒後にゴロゴロと鳴ったら、雷からは1020m離れていることになります。

図解 コンビニが「700円」にこだわる理由

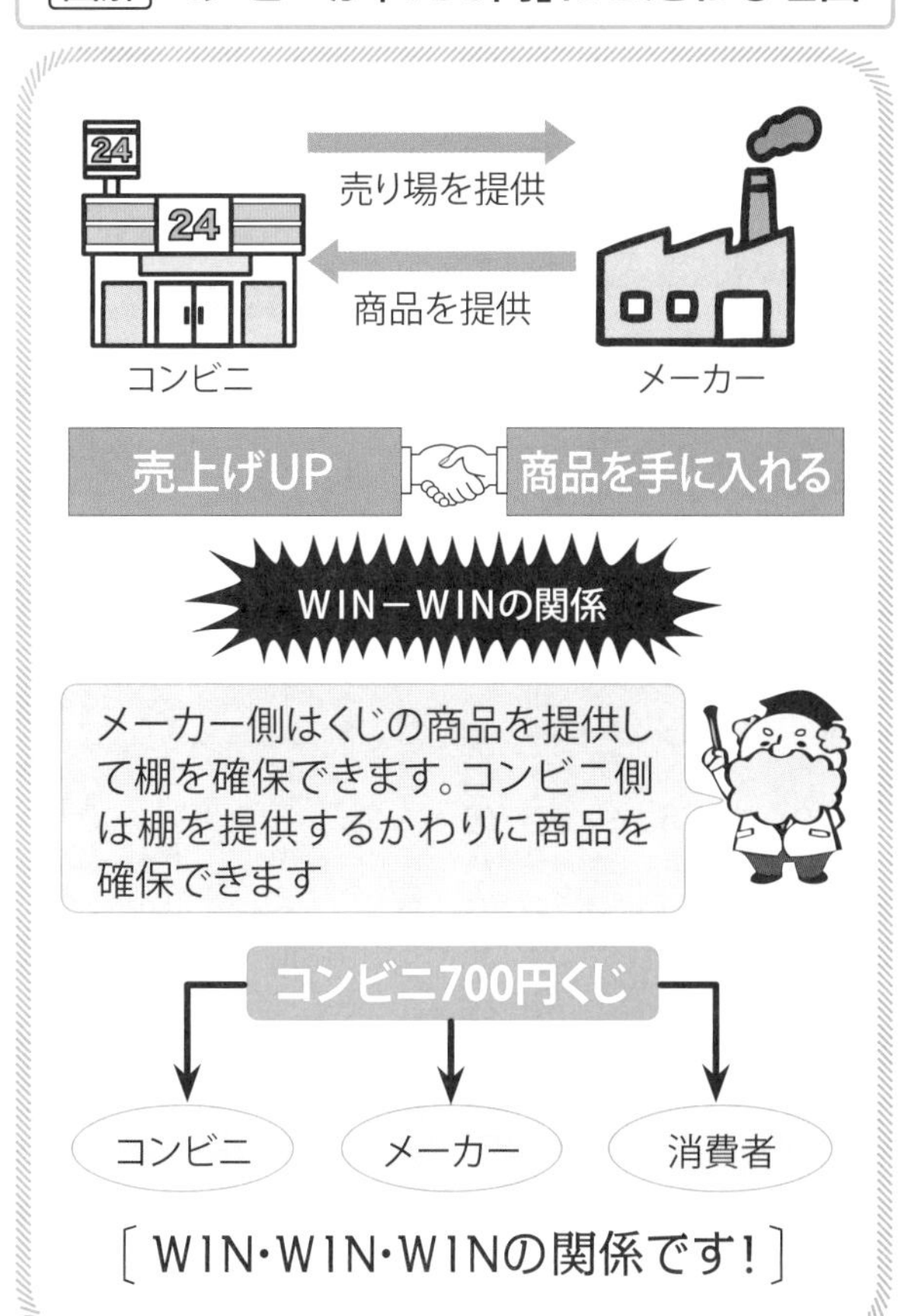

④「ポイント還元」「割引」どっちが、お得？

◆「お金を1円でもムダにしない」法

テレビのCMや新聞のチラシなどで「ポイント還元セール」（そのお店しか使えないポイント）や「割引セール」というフレーズを見かけます。「ポイント還元セール」と「割引セール」、どちらのほうが消費者にとって得なのでしょうか。

同じ商品を買うとき、定価（税込）の50％割引のA店と定価（税込）の50％をポイント還元するB店では、A店のほうが利便性で得なのです。

まずA店で定価1000円の商品を購入したとします。A店は50％割引ですから1000円を支払うと500円分を戻してくれる計算です。

B店ではポイント還元ですから、お金は戻ってきません。500円分のポイントだけがもらえます。現金500円かポイント500円分かの違いです。現金の場合は他の店でも当然使えますが、ポイントはB店でしか使うことができません。

図解 ポイント還元・割引の基本とは？

50%割引の店のほうが得です！

数学的には「割引」のほうが得をする？

B店の場合は、自分が支払った金額1000円と、お店が付与した500円の貨幣と考えられます。つまり1500円です。1000円で1500円のものを購入したことになりますから、1000円÷1500円≒0.66…で割引率は約34%となります。

A店の場合は、1000円の買い物の後に割引分の500円を戻してくれますので、割引率は500円÷1000円で50%ということになります。

実際にはありえませんが、極端な例として、1000円の商品を100%割引と100%還元の例で計算するとわかりやすいと思います。確かに100%の割引のほうですと、タダで商品が手に入りますね。

ひとくちメモ

割り切れる数では客との縁も切れてしまう？

寿司屋の暖簾（のれん）に3枚が多いのは、3が2で割り切れない数で縁起を担いでいます。刺身の3点盛りや5点盛りも同じです。

図解 「ポイント還元」「割引」どっちが、お得？

5 バーコード「13桁の数字」に隠れた意味

「数字」で商品管理

コンビニやスーパーなどで買い物をすると、ほぼすべての商品にバーコードと呼ばれる細い線と太い線からなるものが書かれています。**バーコードは世界共通で、明確なルールがあります。**そのバーコードの下には13桁の数字があります。この数字は何を表しているのでしょうか。

最初の2桁は、どの国でその商品は生産されたものなのかを示しています。次の5桁は生産したメーカーです。さらに次の5桁は商品を表しています。

つまり**最初の12桁の数字は「国⇩メーカー⇩商品」**となります。

最後の1桁ですが、これはバーコードが正しいものかどうか、読み取り確認用のコード、すなわち誤り防止に用いられている数字です（2001年からはメーカーコードが7桁に、商品コードが3桁になりました）。

図解　書籍のコード「13桁の数字」の意味

ISBNコードとは書籍のコードのこと

ISBNコードのしくみ

ISBN978-4-8379-8761-1

978 → ①　4 → ②　8379 → ③　8761 → ④　1 → ⑤

①⇒書籍であることを表しています

②⇒国番号（日本は4です）

③⇒出版者(社)記号で、各出版者(社)に固有の数字です

④⇒書籍記号で、その書籍固有の数字です

⑤⇒チェックデジット
（読み取りエラーをチェックする）

日本の国番号は「4」

ＩＳＢＮコードは13桁の数字で表示されています。ひとつの書籍に対してひとつずつ付与されますので、**たとえ絶版となってもその書籍に割り当てられたＩＳＢＮコードは二度と使われることはありません。**

同じコード番号の書籍は、世界中どこを探しても存在しないということになります。

13桁の最初の3つの数字は、書籍であることを示しています。「978」「979」が割り当てられ、日本は「978」です。次の数字は国名を表しています。日本は「4」です。その後の2～4桁は出版社を表しています。

出版社ごとに数字は割り当てられ、三笠書房でしたら「8379」です。

ひとくちメモ

セブンイレブンのロゴ nだけ小文字の理由

「数字の羅列」は「商標登録基準」で受付不可だったため「ELEVEN」の「N」を小文字にし、「ELEVEn」とした説があります。

図解 バーコード「13桁の数字」に隠れた意味

バーコードのしくみ

①⇒最初の2桁は国番を表しています。
（日本は49もしくは45）

②⇒メーカーコード（会社を表しています）

③⇒商品コード（各企業で設定）

④⇒チェックデジット
（読み取りエラーをチェックする）

2001年からは②のメーカーコードが7桁、③の商品コードは3桁に変更となりました

6 設立153番目だから、第百五十三銀行

◆「第二国立銀行」は、今の「横浜銀行」

日本で一番最初に登場した銀行は1873（明治6）年に渋沢栄一によって設立された第一国立銀行です。

その後、第二国立銀行、第四国立銀行、第五国立銀行と設立され（第三国立銀行は開業に至らず。のちに合併の際に登場）、1879（明治12）年には第百五十三国立銀行まで続きます。

これをナンバー銀行と呼んでいます。

第一国立銀行は現在のみずほ銀行につながっていきます。第二国立銀行は現在の横浜銀行、第五国立銀行は三井住友銀行です。銀行は合併を続けながら、今では3大メガバンクと呼ばれる体制になりました。3大メガバンクとは「三菱UFJ銀行」「三井住友銀行」「みずほ銀行」のことを指します。

図解「3大メガバンク」とは？

3大メガバンク

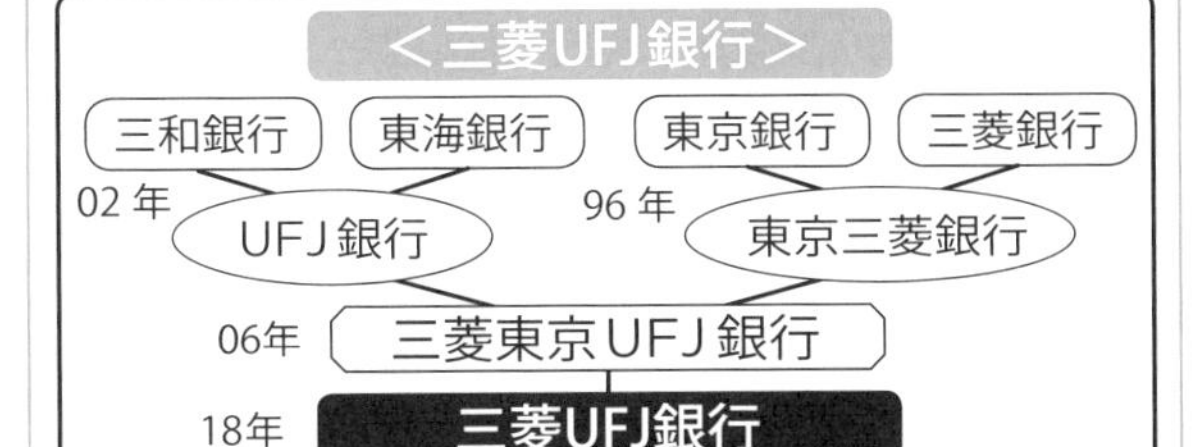

＜三井住友銀行＞

太陽神戸銀行
三井銀行
90年
太陽神戸三井銀行
住友銀行
92年
さくら銀行
01年
三井住友銀行

＜みずほ銀行＞

富士銀行
第一勧業銀行
日本興業銀行
00年
みずほ銀行

第十九銀行＋第六十三銀行＝第八十二銀行

八十二銀行は、日本に数多くあるナンバーバンク（名前に数字が冠された銀行）のひとつで、現在でも長野県のトップバンクとして営業を続けています。明治期、長野には第十九国立銀行と第六十三国立銀行という2つのナンバーバンクがありました。これが1931年に合併した際、単純に名前の数字を足して八十二銀行となったのです。第一国立銀行は現在のみずほ銀行、第三国立銀行が現在の三菱UFJ銀行です。

国立銀行は紙幣の発行を許されていましたが、第一国立銀行の誕生から9年後の1882年、日本銀行が創設されると、**紙幣の発行は日本銀行のみに限定される法律が作られて、**現在に至っています。

ひとくちメモ

深夜12時は午前0時。午後0時はなぜないの？

午前とは零時から12時まで、午後は1時から12時までと定められています。つまり午後0時は存在しません。

図解 設立153番目だから、第百五十三銀行

▲第一国立銀行本店

紙幣の発行は日本銀行だけに許されています。紙幣のことを日本銀行券というのはそのためです

▲第一国立銀行発行の十円兌換券（1873年）

⑦ 貧乏な人ほど「エンゲル係数」は高くなる

◆「エンゲル係数」って何？

生きていくためには食べなければなりません。食費と収入とのバランスを測る指標に「エンゲル係数」があります。**「エンゲル係数」とはドイツの社会統計学・経済学者エンゲル（1821〜1896年）が提唱した指数で、家計の全消費支出に対して、食費がどれだけの割合を占めているかを示す係数です。**所得が増えると食費に使う金額との割合が減少していく傾向にあるとエンゲルは述べています。この数値が高い家庭ほど生活が厳しいとされています。総務省のデータによると、終戦後まもない1950年のエンゲル係数は約60％ほどでした。そこから徐々に下がっていき、2005年には23％ほどになっています。しかし、消費税の増税や物価変動の影響で、2012年から再び上昇傾向となり、2020年は26％になりました。エンゲル係数から社会情勢も見えてくるのです。

図解 「エンゲル係数」って何？

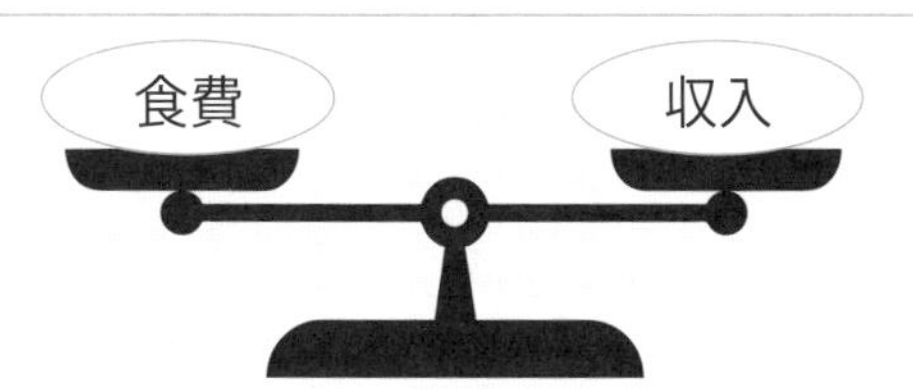

食費と収入のバランスを測る指標

エンゲル係数

エンゲル係数が高い

生活が苦しい
家庭が多い

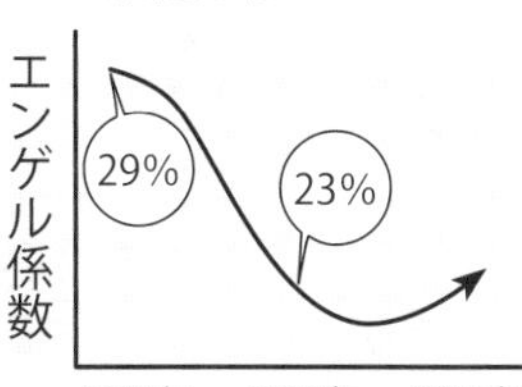

エンゲル係数が低い

生活に余裕
がある

エンゲル係数

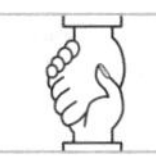

社会情勢が
見えてきます

「生活の苦しさ」を計算してみよう

総務省統計局の結果から4人家族で食費は平均4万～5万円、一人暮らしでも社会人になると約4万円でそれほど変わりません。2人以上で暮らしている場合、新型コロナ禍の影響を受けた2020年のエンゲル係数の平均は約26%です。エンゲル係数が高い家庭は、家族で何を削ればいいか話し合ってみましょう。

1カ月5万円の食費が必要とすると、1年間では60万円が必要です。60万円が収入の25%以上になると生活が厳しくなるので、年収は240万円必要となります。

厚生労働省の最新データでは全世帯の約25%が年収250万円未満の世帯です。高齢者世帯や母子世帯に限りますと約35～45%ですから驚きです。

ひとくちメモ

八方ふさがりの「八方」が表しているものとは?

九星気学(きゅうせいきがく)の方位盤の8つの方位のこと。ここがふさがれると、身動きがとれない運気になってしまいます。

図解 貧乏な人ほど「エンゲル係数」は高くなる

4人家族の食費

一人暮らしの食費

社会人

〔平均4万～5万円〕　〔約4万円〕

ひと月の食費

5万円

×12カ月＝

1年間の食費

60万円

年収300万円→エンゲル係数20%
年収240万円→エンゲル係数25%
年収150万円→エンゲル係数40%

年収が低くなるとエンゲル係数が高くなることがわかります！

世界一役に立つ「数学者」の話⑤

フローレンス・ナイチンゲール

――「統計学」を看護活動に応用して、死亡率を下げる！

フローレンス・ナイチンゲールは、クリミア戦争で、白衣の天使と称され、看護師として活躍した人だと広く認識されています。彼女の看護活動は社会に貢献しただけでなく、もうひとつ別の分野でも活躍した人物だったのです。それは統計学です。

彼女はクリミア戦争での負傷兵たちの死亡原因を「負傷によるもの」「予防可能な疾病」「その他の要因」に分類し、データをもとに視覚的にグラフにまとめ上げたのです。その結果、「病院内の衛生管理を徹底することで死亡率は下がる」という結論に達し、院内の死亡率42％をわずか3カ月で5％まで下げることに成功しました。分析結果から病院内の死亡率の高さは負傷や疾病が原因ではなく、ほとんどが、院内の不衛生による感染症が原因であることを突き止めたのです。

フローレンス・ナイチンゲール

（1820年5月12日～1910年8月13日）

イギリス出身。クリミア戦争での看護活動のみならず、統計学の発展に大きく貢献しました。

図解 ナイチンゲールの「すごさ」とは？

死亡データ　グラフ化する

全体像が見えてくる

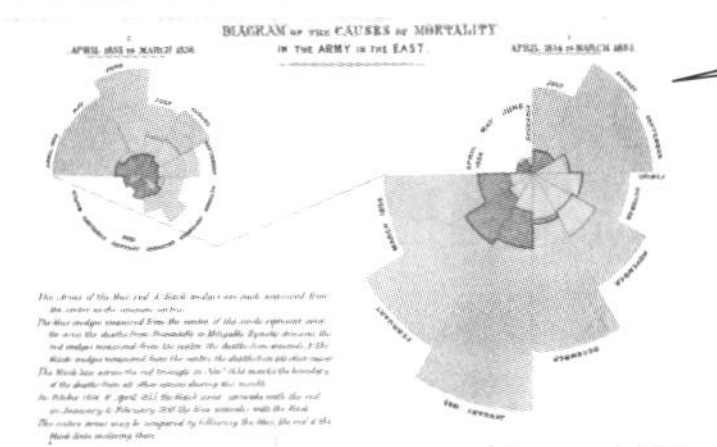

鶏のとさか

本当の死亡原因を発見した

▲ナイチンゲールが考案した円グラフ

ナイチンゲールが世界で初めて統計データをグラフ化

ナイチンゲールは世界初の看護学校を設立しました。彼女の誕生日である5月12日は、国際看護師の日に定められています

「統計学の先駆者」でもあったナイチンゲール

当時はまだデータをグラフ化する習慣はありませんでした。彼女は世界で初めて、統計データをグラフ化した人物だったといってもいいでしょう。

グラフ化することにより、視覚的に全体の姿がひと目で理解できます。

彼女の作成したグラフの形が鶏のとさかの形に似ていたため、そのグラフは「鶏のとさか」と呼ばれています。

こうした功績を認められ、ナイチンゲールは女性として初めて、王立統計学会の会員に選ばれ、統計学の先駆者としてその名を馳せています。

ナイチンゲールの作った「鶏のとさか」は、現在ではレーダーチャートとして活用されています。

「数と数字」雑学

クリミア戦争が終わった後も、ナイチンゲールは世界中の医療制度の改善に貢献し続けました。

第6章

頭の回転がさらに速くなる!「分数」の話

「分数がわかる」と人生、面白くなる！

◆そもそも「分数」って何？

$\frac{1}{2}$や$\frac{2}{3}$というような分数は誰でも目にしていると思います。しかし、分数はどんな数なのかと問われたとき、明確に答えられる人は少ないのではないでしょうか。小学校では分数の計算方法を教わりますが、**実はこの分数、非常にやっかいな数なのです。**

ここで2つの例を紹介してみましょう。

> **例1**　バースデーケーキがあります。これを4等分してみます。
> **例2**　1mのリボンがあります。これを4等分してみます。

これを図に表すと左ページの【図①】のようになります。分数とは、あるモノを「分割」した一部分という理解だけでは、様々な不都合が出てしまいます。

図解　ケーキとリボン「4等分」すると？

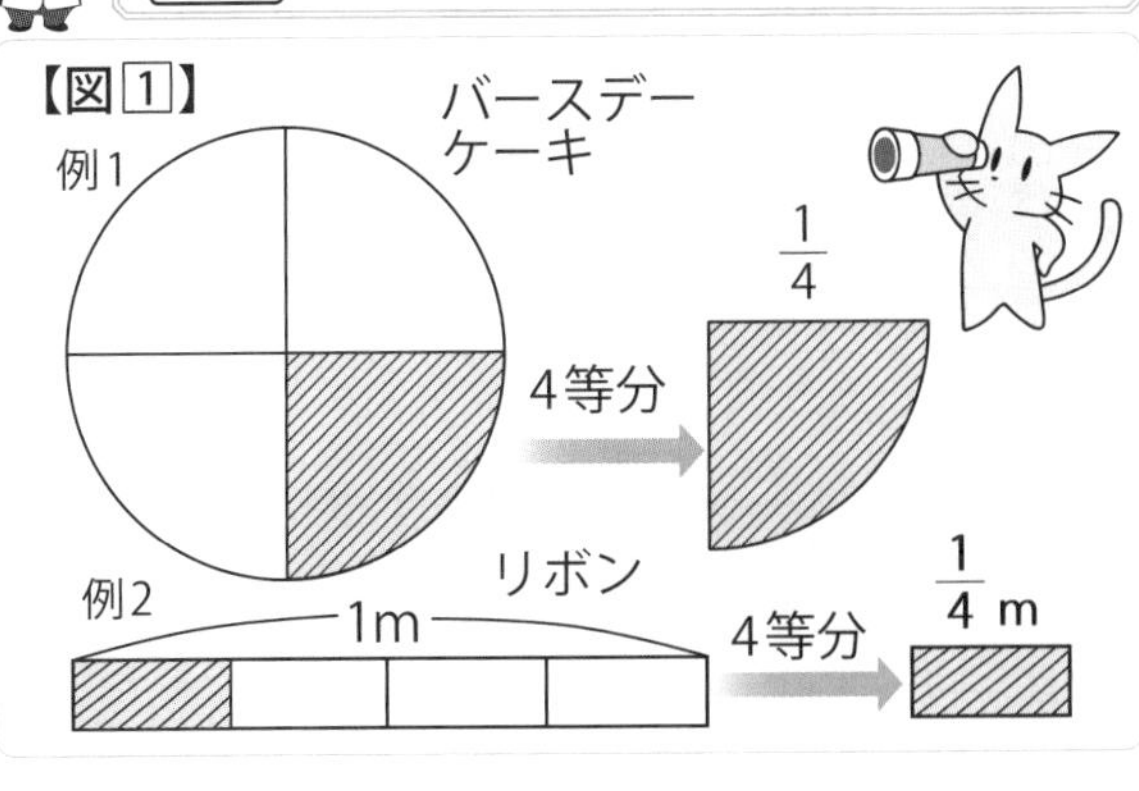

分数を辞書（日本国語大辞典）でひくと、**「整数aを零ではない整数bで割った商を、横線を用いて$\frac{a}{b}$と表したもの」と出ています。**

この定義をもとに分数とはどんな数なのかをひもといていくと、さらにわからなくなってしまいます。先程の丸いバースデーケーキを4等分するのと、1mのリボンを4等分するのとでは意味が違ってくるからです。

ケーキはあくまでも、丸いケーキを4等分したうちの1つです。それを$\frac{1}{4}$と表します。ふつうは単位はつきません。

一方、1mのリボンを4等分した1つ

は$\frac{1}{4}$mとなり、単位がついてきます。
ケーキの場合は暗黙のうちに量ではなく「全体を1」と考えていますが、リボンの場合は「1mを4等分した1つ」という量になります。そのためケーキの分数は単位がなく、リボンの分数には単位がついています。

海外では分数を小学生に教えていない？

このように分数は非常に手強い数なのです。

アメリカなどでは、高校で分数を本格的に学ぶ州があると言われています。 全米でベストセラーになった数学の入門書『数学を嫌いにならないで』が翻訳され、日本でも2018年に出版されました。

この本のはしがきを読むと、中学生、高校生が対象であることが書いてあります。

分数の奥深さを楽しもう

分数の計算方法を知っているだけでは、分数の本質を理解したことにはなりません！

図解 「分数がわかる」と人生、面白くなる！

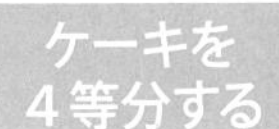

ケーキを
4等分する

1m のリボンを
4等分する

$\frac{1}{4}$
（単位がつかない）

$\frac{1}{4}$ m
（単位がつく）

$\frac{1}{4}$同士を比較すると同じ数なので同等と思われますが、意味が異なります

『数学を嫌いにならないで』

全米でベストセラー

〔分数や小数の関係が中心〕

〔分数を小学生で理解するのは困難？〕

〔分数は簡単そうに見えても一筋縄ではいかない数なのです！〕

2

「全体を1と考える」理系的発想が有効

◆「分数」の不思議①

分数は「何か量のあるものを分けた数」だと思い込んでいる人が多いと思います。1mを4等分した1つは$\frac{1}{4}$m、1ℓの水を2等分したら$\frac{1}{2}$ℓといった、**目に見える量をイメージして分数を理解してきました。**

この「分ける」という作業は実は小学生のときに「わり算」として学んでいたのです。そのため1mを4等分した1つである分数を求める式は、「1÷4＝$\frac{1}{4}$」となります。この分数には単位がついて$\frac{1}{4}$mとなります。

エミさんとユミさんという双子の姉妹の誕生日プレゼントに、お母さんは丸いチーズケーキと丸いデコレーションケーキを買いました。チーズケーキは直径が20㎝、デコレーションケーキは直径が25㎝あります。

お母さんは家族が4人なので、4等分することにします。チーズケーキ$\frac{1}{4}$

図解　2つのケーキを「4等分」すると？

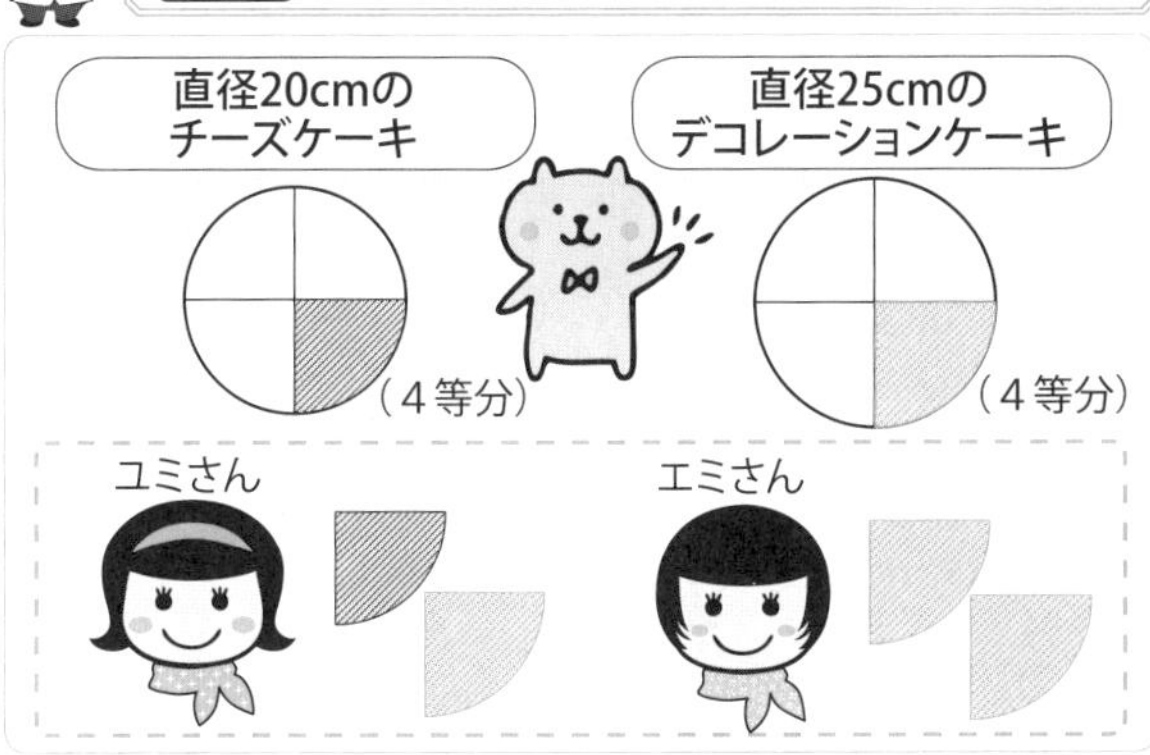

とデコレーションケーキ$\frac{1}{4}$を、エミさんとユミさんに与えようとしました。ところがエミさんは大好きなデコレーションケーキ$\frac{1}{4}$を2つ取ったのです。

ユミさんはチーズケーキ$\frac{1}{4}$とデコレーションケーキ$\frac{1}{4}$を取りましたが、ややしばらくして、「私は損をしている」と言い出しました。

母親が説明します。「エミは$\frac{1}{4}$が2つだから同じだよ。$\frac{1}{4}+\frac{1}{4}=\frac{2}{4}$でしょ。ユミだって$\frac{1}{4}+\frac{1}{4}=\frac{2}{4}$、ほら同じだよね」。

でもユミさんは譲りません。「エミのほうが絶対に量が多い！」。

「全体の量」を無視するとおかしなことになる

分数とは全体を1とし、その割合を表している数であることも理解しなければなりません。左ページの【図1】の線分図を見てください。全体を100円とすると、10円は$\frac{1}{10}$になっています。これは全体の1が100円だからです。

もし全体が1000円なら、$\frac{1}{10}$は100円となります。全体の量が変われば当然$\frac{1}{10}$の量も変わります。

話を元に戻しましょう。**分数の計算ではどちらも「$\frac{1}{4}$」になるため、エミさんもユミさんも同じであることがわかります。しかし数字上では同じでも、分量的には同じではありません。**

もとのケーキの大きさを比較の対象にしなければならないのです。

分数を理解することの大切さ

分数は全体を1として考え、その割合を表していることがあるため、同じ分数でも意味は異なります！

図解「全体を1と考える」理系的発想が有効

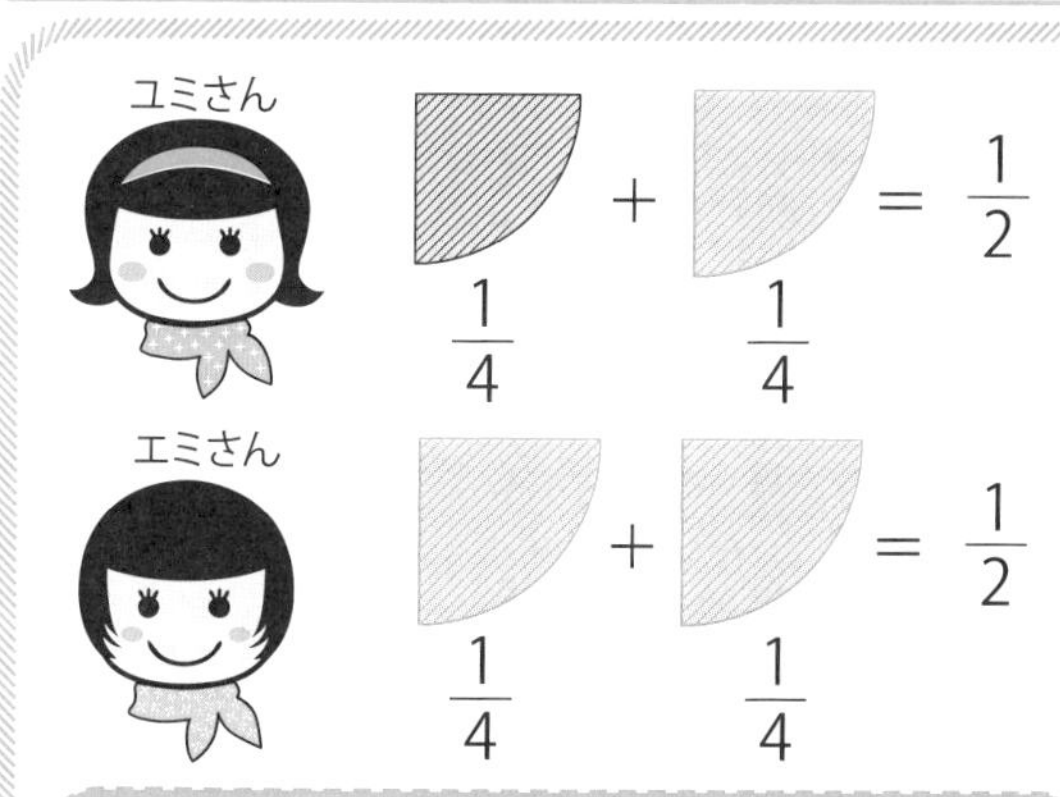

エミさんもユミさんもどちらも同じ $\frac{1}{2}$ 分のケーキ

【図1】 同じ $\frac{1}{10}$ でも金額が異なる

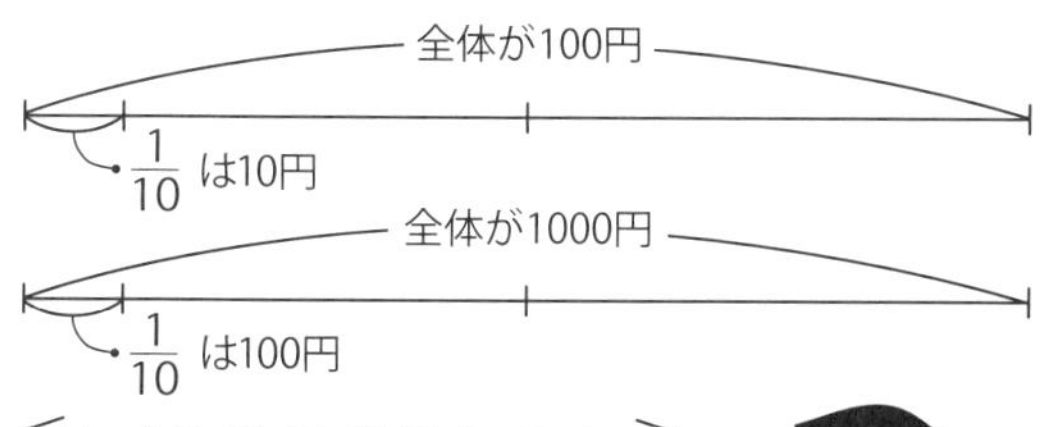

比べる数量が異なると、同じ分数でも異なる数値となってしまいます!

3 日常で「$\frac{1}{3}$」が「$\frac{1}{10}$」になることがある？

◆「分数」の不思議②

多くの人たちは気づいていませんが、分数には単位のつかない数が存在してるのです。

「売上げがコロナ禍で$\frac{1}{3}$になってしまいました」
「全人口の約$\frac{1}{10}$は外国出身者です」
「私の体重は力士の$\frac{1}{4}$くらいかもしれないよ」

これらの分数は、ある何かを基準にして相対的に比較していることは理解できるでしょう。売上げならある年を基準にしています。2020年の年間売上げが9億円とします。2021年が3億円とすると、2020年をもとにすると$\frac{1}{3}$に激減したということがわかります。

このように私たちは知らずしらずに、「全体を1」と考えて分数を取り扱うこ

図解　分数には「単位」がつかない？

とに慣れています。

191ページの例のように、エミさん、ユミさん姉妹は量に目を奪われていますが、私たち大人は4等分した1つを表す1/4の分数に注目してしまいます。

「売上げ」「人口」「体重」なども全体を1と考えて、その1/3、1/10、1/4とみなす思考に慣れているため、そのような感覚でモノを見てしまうのです。

「全体を1」とする考え方は、「割合」の大切な概念なのです。

割合は算数の教科書では、次のように定義しています。**（比べられる量）÷（もとにする量〈全体の量〉）＝割合**

前述の「売上げがコロナ禍で1/3になってしまいました」という例を、もう少し深掘りしてみましょう。

「売上げ3億円減！」で困る企業、何とかなる企業

Aという企業の2020年の年間の売上げが9億円で、に売上げが1/3減少した場合、9億円が6億円になった（3億円の売上げ減少）ので大幅に減収です。1/3になったという感覚はAにとっては大打撃です。

2020年の売り上げが30億円というBという企業があったとします。

Aと同じ3億円の売上げが減少した場合、全体の1/10になります。

同じ3億円でもAとBの経営者に与えるダメージはかなり違います。

同じ数字でも意味が異なる場合とは？

同じ数字でも比較する対象が異なると、数字そのものが持っている意味が異なる場合があります

図解 日常で「$\frac{1}{3}$」が「$\frac{1}{10}$」になることがある?

売上げが$\frac{1}{3}$減少

前年の売上げ 9億円	前年の売上げ 30億円

$\frac{1}{3}$減少

3億円減 ⟷ 10億円減

同じ$\frac{1}{3}$の減少でも、もととなる前年の売上げが異なると、数字の持つ意味合いが違ってきます

3億円減少

前年の売上げ 9億円	前年の売上げ 30億円
$\frac{1}{3}$	$\frac{1}{10}$

同じ金額の3億円減少でも、経営者に与える影響は売上げの大きさによって変わってきます

④ 分数に慣れると「抽象的思考」も可能！

◆「分数」と「割合」の不思議

分数と割合の関係を1mのリボンで考えてみることにしましょう。左ページの【図1】は量を表す分数で【図2】は割合を表しています。

量を表すとき、1/4mは、100cm÷4＝25cmです。普通はcmで考えます。

1/4mと表すときは、無意識に1mを頭に浮かべ、それを4等分したものを1/4で1/4mと思考しているはずです。

このとき、「全体を1と考えてその1/4だ」と無意識に理解しています。 分数は「割合」としても相性の良い数だといえるでしょう。

「全体を1」と考えたときの計算はもちろん単位がつきません。

リボンをもう一度見てください。全体を1とした場合は、1/4＋1/4＝2/4と単位が式にも答えにもつきません。2/4は全体の半分ということになり。2/4

図解 2本のリボンを「4等分」すると？

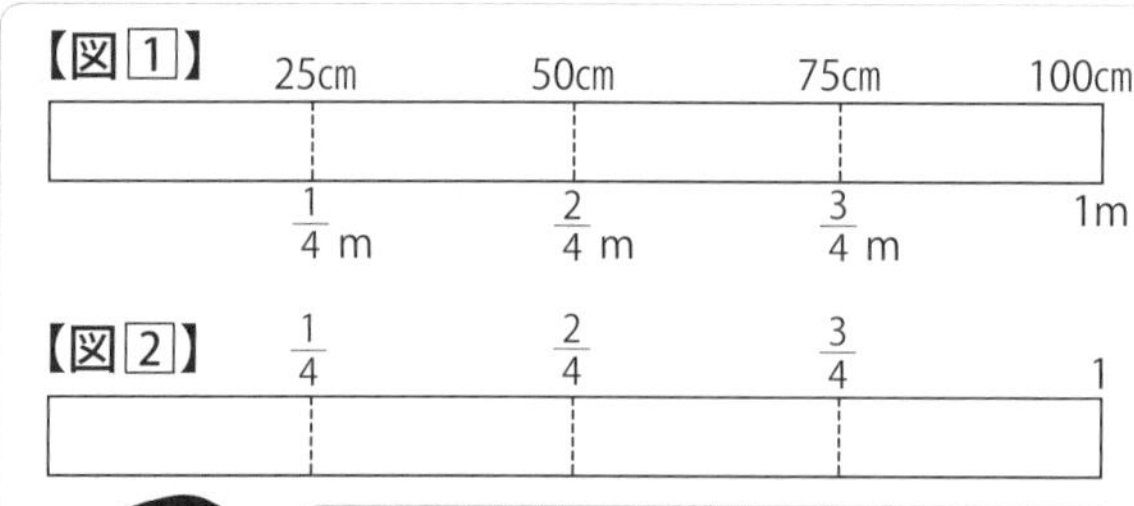

＝$\frac{1}{2}$となります。「全体を1」とする場合、$\frac{1}{4}$、$\frac{2}{4}$、$\frac{3}{4}$はどんな式で求められるかを、ちょっと思い出してみてください。1÷4＝$\frac{1}{4}$、2÷4＝$\frac{2}{4}$、3÷4＝$\frac{3}{4}$で求められます。**もう一度「割合」の定義を見てみましょう。「(比べられる量)÷(もとにする量)」**でした。

100㎝のリボンで考えるならもとにする量が100㎝、比べられる量が25㎝です。これを計算すると25㎝÷100㎝＝0.25。

193ページの双子のエミさん・ユミさんの図をもう一度見てください。丸いケーキの量ではなく抽象的な円と考えているのが割合です。丸いケーキ（円）を1と考えると4等分した1つは$\frac{1}{4}$の割合になります。仮にこの丸いチーズケーキが400gなら$\frac{1}{4}$の部分は100gになります。

400gがもとになる量で、100gは比べられる量ですから、割合を求めるには100g÷400g＝$\frac{100}{400}$＝$\frac{1}{4}$となります。それが左ページの【図3】です。

「割合で考える」と、うまくいく！

大人は分数を考えるとき、無意識に丸いケーキやリボンを常に頭の中で「1」と考えています。

しかし抽象的な思考に慣れていない10歳以下の子どもは、どうしても「量」で考えようとしてしまいます。そのため$\frac{1}{4}$個や$\frac{1}{4}$mという「量」の分数を最初に理解してしまうのです。

分数をよく理解するコツ

割合は「比べられる量」÷「もとにする量」という式で求められることを覚えておきましょう！

図解 分数に慣れると「抽象的思考」も可能！

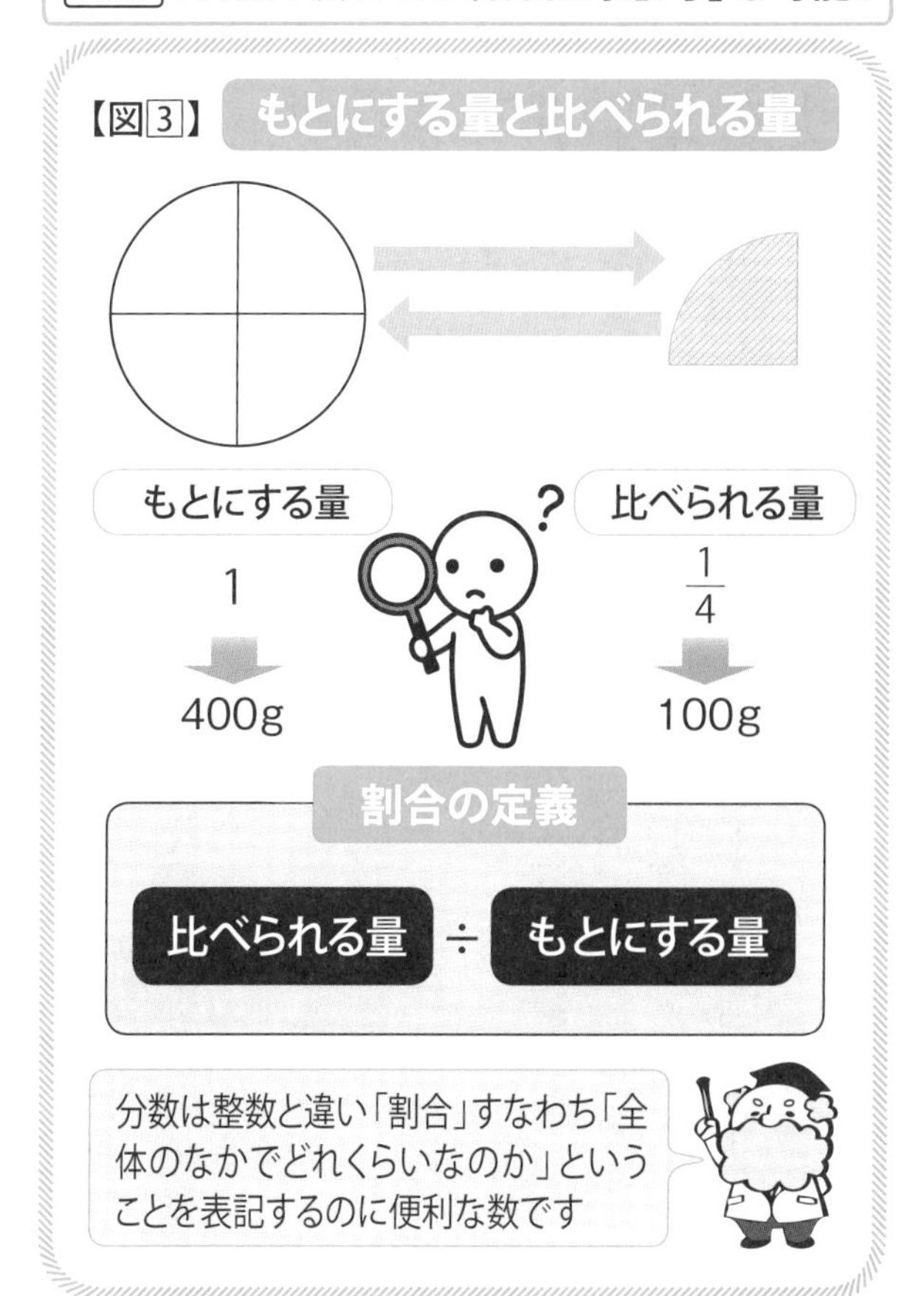

5 「$\frac{1}{10}$」と「0.1」は何が同じで、何が違う？

◆「分数」と「小数」の不思議

100円を10等分した線分図を見てみましょう（左ページの【図1】）。

100円を延長して150円まで伸ばします。上には具体的な金額（量）を、下には100円を1としたときの数を入れていきます。この線分図にさらに分数をつけたしています。

100円をもとにしたら10円は0.1になりますが、この0.1が割合です。

その下に書いてある分数に注目してください。この$\frac{1}{10}$という分数がまさに割合を表す数なのです。ではどこから$\frac{1}{10}$が出てくるのでしょうか。割合を求める公式から、10円÷100円＝$\frac{1}{10}$＝0.1となります。【図1】を参照してください。100円を1と考えたとき、10円は0.1になります（$\frac{1}{10}$や0.1には単位がついていない！）。

図解 100円を「10等分」すると？

100円をもとにすると10円は0.1となります。この0.1が割合です。分数だと$\frac{1}{10}$となります。分数はまさに割合を表す数なのです

分数表示なら「どれくらいの割合か」をイメージできますが、小数の表示ではどうでしょうか。実は単位のついている量を示す小数は、日常生活の様々な場面で目にしています。

たとえば調理のレシピで「１００ccの水に0.5gの塩を入れる」というような文言を見たことがあるでしょう。

また、「体重はこの1週間で0.5kgも増えてしまい、49・8kgになっちゃった」という表現もします。このように私たちは無意識に小数を使っているのです。

小数で表示した割合（例えば0.1など）は、このままでは「割合」なのか「量」

なのかわかりません。そこで何らかの単位をつけることによって、「割合」か「量」かがわかるようにしました。

先の0.1の場合は100をかけて「%（パーセント）」と表示することにすれば、区別がはっきりします。

「10%＝0.1」になる理由とは？

10をかけて10×0.1＝1となれば、これは1割を表しています。このように%や歩合の単位がつく理由がわかると、「割合の計算はなぜ小数に直さないといけないの？」といった素朴な疑問が解決します。

「100円の10%はいくらでしょう？」、これは10%を0.1に直し、100×0.1＝10で10円となります。

「なぜ10%を0.1にするの？」という理由を理解すると「科学する心」が芽生えてくるのではないでしょうか。


分数から何がイメージできる？

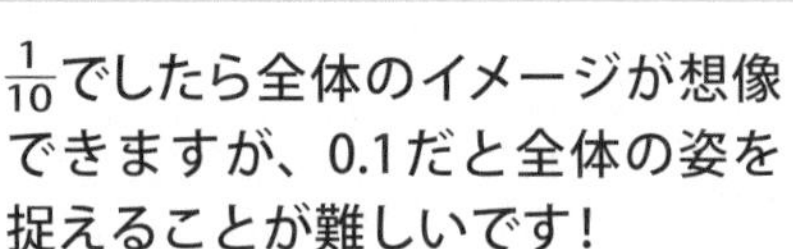

図解「$\frac{1}{10}$」と「0.1」は何が同じで、何が違う?

$\frac{1}{10}$

割合を表しているのか?

量を表しているのか?

〔$\frac{1}{10}$という分数には「割合」と「量」という2つの意味があります。単位をつけることによって区別できます〕

0.1

100をかける

10をかける

0.1×100＝10
〔 10% 〕

0.1×10＝1
〔 1割 〕

〔100をかけて「%」という単位や、10をかけて「割」という単位をつけることにより、0.1 が割合を表していることがわかります〕

0.1が1割であることを理解していると、100の1割を求めるときに0.1を100にかける理由がわかります!

6 わり算――「分数がよくわかる」コツ

◆「分数」と「わり算」の不思議

「4枚のお皿の上に柿が3個ずつあります。全体で柿は何個ですか?」

このような問題では、まず1つあたりの量(数)が3個、お皿が4枚分と考えます。すると3×4=12、答え12個。

このかけられる数の3は明らかに量です。かける数の4は「4枚分」という意味ですから、3個で1つ分と考える抽象的な思考が必要になってきます。ひと皿が4つ集まって4枚となっていると考えてください。そうすると次の式ができます。

「1つあたりの量」×「いくつ分」=「全体の量」。

これがかけ算の基本ですが、ここから2つのわり算が派生してきます。

「12個の柿を4人に分けました。1人何個ですか?」

図解 「4枚のお皿」にある「3つの柿」

4枚のお皿の上に柿が3個ずつあります。全体では何個？

3（量）×4（枚数）

1つあたりの量×いくつ分＝全体の量

かけ算の基本 → 2つのわり算が派生する

これは12個÷4人＝12個／4人＝3個／人（1人あたり3個）。普通は単位をつけて計算しませんが、わり算の意味を理解しやすくするためにつけました。

教科書では、答え3個となります。

わり算は「2種類」ある？

このわり算は、4人で等しく分けるので「等分除（とうぶんじょ）」と呼んで、私たちが日常普通に使っています。

「12個の柿を1人あたり3個ずつにすると何人に配ることができますか？」

これもわり算です。

12個÷3個／人（1人あたり3個という

意味の単位です)＝4人。単位だけ取り出して計算すると、$個 \div \frac{個}{人} = 個 \times \frac{人}{個} = 人$で、個は約分と同様に消えます。

この文章題を別の日本語で表現すると次のようになります。「12個の柿に3個にまとめた柿がいくつ分ありますか(または何人分ありますか)?」。**このわり算を「包含除(ほうがんじょ)」と呼んでいます。**

12個の中に3個のかたまりが4つ含まれているというようなイメージで、この用語を知っておくと、分数の計算のときに役立つことがあります。

このように分数のわり算には、「等分除」と「包含除」の2つのわり算があります。この2つのわり算の意味を理解していると、分数のかけ算やわり算の意味がわかります。特に割合を理解するときに大活躍します。

「2つのわり算」を知ろう

わり算は大きく分けて、等しく分ける「等分除」とかたまりの数を求める「包含除」があります！

図解 わり算――「分数がよくわかる」コツ

12個の柿を4人に分けました。1人何個ですか？	12個の柿には3個にまとめた柿がいくつ分ありますか？
↓	↓
12個÷4人	12個÷3個
$\frac{12個}{4人}=\frac{3個}{人}$	$\frac{12個}{3個}=4$
1人あたり3個です	4つのかたまりがあります
↓	↓
このわり算は **等分除**	このわり算は **包含除**

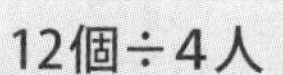

分数のわり算を包含除で考えてみる

$3\div\frac{1}{4}$ → $3\times4=12$ （3のなかに$\frac{1}{4}$が12個ある）

$\frac{1}{2}\div\frac{1}{4}$ → $\frac{1}{2}\times4=2$ （$\frac{1}{2}$のなかに$\frac{1}{4}$が2個ある）

⑦ 頭の回転が最速になる「分数のわり算」

◆「わり算」解き方のコツ①

「$\frac{2}{5}$㎡の壁を塗るのに、白ペンキを$\frac{3}{4}$dℓ使います。この白ペンキ1dℓでは何㎡塗れるでしょうか?」。この問題の式はどうなるか、そしてその計算はどのようにするかを考えながら答えを求めていきましょう。1dℓで塗れる面積（1つあたりの量）を求める問題なので、わり算になります。**求める式は、塗った面積（$\frac{2}{5}$）÷使った量（$\frac{3}{4}$）＝1dℓで塗れる面積となります。**では「$\frac{2}{5}÷\frac{3}{4}$」はどのように計算したらよいでしょうか。

まず1辺が1mの正方形のタイルの面積図で考えてみることにします。1㎡の正方形を5等分したうちの2つ分が$\frac{2}{5}$㎡です（斜線の部分）。

また、横をペンキの量と考えると1dℓは横に$\frac{1}{4}$dℓたした図になります。そうすると$\frac{1}{4}$dℓが3つあるところが$\frac{3}{4}$dℓになります。左ページの【図1】の

図解　壁に「白ペンキ」を塗ってみると？

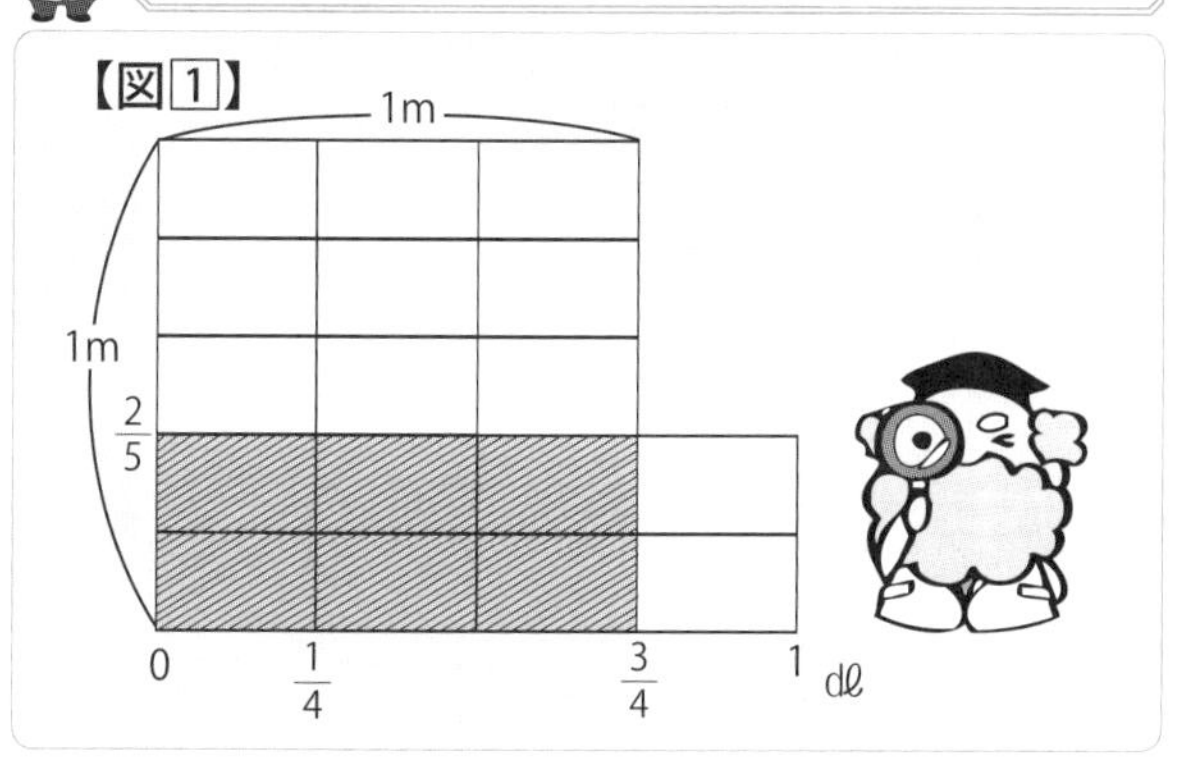

ような面積図ができます（横に$\frac{1}{4}$dℓたし1dℓ）。

$\frac{3}{4}$dℓでは$\frac{2}{5}$㎡塗れるから$\frac{1}{4}$dℓではその3等分となります。式は$\frac{2}{5}\div3=\frac{2}{5}\times\frac{1}{3}=\frac{2}{15}$、$\frac{1}{4}$dℓで$\frac{2}{15}$㎡塗ることができます。

次に1dℓでは何㎡塗れるかを考えましょう。1dℓで塗れる面積は$\frac{1}{4}$dℓで塗れる面積の4倍であることは、タイルの面積図を見ればわかります。ですから、$\frac{2}{15}$㎡$\times4=\frac{8}{15}$㎡となり1dℓでは$\frac{8}{15}$㎡塗れます。これを1つの式にすると、

$\frac{2}{5}\div\frac{3}{4}=\frac{2}{5}\div3\times4=\frac{2}{5}\times\frac{1}{3}\times4=\frac{2\times4}{5\times3}=\frac{8}{15}$ となります。

分数を分数でわる計算は、わる分数の分母と分子を入れ換えて、かけ算として計算できるのです（『親子で学ぶ中学受験の算数』小宮山博仁著（新評論）より）。

「$\frac{3}{1}$」と「$\frac{1}{3}$」の関係は「逆数」です

$\frac{1}{2}\div\frac{1}{3}$を考えてみましょう。

この式を変形すると、左ページの【図2】の❶のように表すことができます。分子と分母にそれぞれ3をかけると、❷のような式になります。

$\frac{1}{3}\times3$の部分を先に計算すると、②の式は、$\frac{1}{2}\times3\div1$と表すことができます。3÷1は$\frac{3}{1}$のことですから、$\frac{1}{2}\div\frac{1}{3}$は$\frac{1}{2}\times\frac{3}{1}$となります。

$\frac{3}{1}$を$\frac{1}{3}$の逆数といいます。分数のわり算は逆数をかければ求めることができます。

「分数のわり算」解き方のコツとは？

分数のわり算の計算方法だけ理解するのではなく、逆数をかけると求められる理由も理解しましょう

図解 頭の回転が最速になる「分数のわり算」

$\frac{1}{2} \div \frac{1}{3}$ を求めてみる

$$\frac{1}{2} \div \frac{1}{3} = \frac{\frac{1}{2}}{\frac{1}{3}}$$ ❶

→ 分子と分母に3をかけてみる

$$\left(\frac{1}{2} \times 3\right) \div \left(\frac{1}{3} \times 3\right)$$ ❷

$\frac{1}{3} \times 3$の部分を先に計算すると1

$$\frac{1}{2} \times 3 \div 1 \rightarrow \frac{1}{2} \times \frac{3}{1} = \frac{3}{2}$$

$3 \div 1 = \frac{3}{1}$

$\frac{3}{1}$ は $\frac{1}{3}$ の逆数です

［このようにして考えると分数のわり算のしくみがわかります］

分数のわり算はただ「できる」だけではなく、どうして逆数をかけるのかという「わかる」ことも重要です！

⑧ 分数を小数にすると「珍現象」が起こる

◆「循環小数」って何？

$\frac{2}{3}$や$\frac{3}{4}$というような分母のほうが分子より大きな分数を「**真分数**」といいます。割合との関係では一番なじみが深い分数です。

「真分数」に整数をつけた$1\frac{2}{3}$、$2\frac{3}{4}$は「**帯分数**」といいます。また、$1\frac{2}{3}=1+\frac{2}{3}=\frac{3}{3}+\frac{2}{3}=\frac{5}{3}$、同様に$2\frac{3}{4}=\frac{11}{4}$となりますが、この分母より分子が大きくなっている分数を「**仮分数**」といいます。「帯分数」と「仮分数」の特徴は次のようになります。

帯分数のいいところ⇒分数の大きさがすぐわかる
仮分数のいいところ⇒分数を小数にしやすい

次に分数を小数で表してみましょう。

図解　「分数」は「不思議な小数」になる？

0.333…を分数に直してみる

【図①】求める分数をxとする → $x = 0.333\cdots$

まずxを10倍してみます

$10x = 3.333\cdots$ → ①の式

$x = 0.333\cdots$ → ②の式

①の式から②の式を引くと$9x=3$

$x=\frac{3}{9}=\frac{1}{3}$（分数になりました）

分数は、$\frac{3}{4}=3\div4=0.75$、$\frac{1}{8}=1\div8=0.125$のような、わり切れる分数ばかりではありません。

$\frac{1}{3}=0.333\cdots$と、限りなく同じ数字の3が繰り返されることもあります。これを$\frac{1}{3}=0.\dot{3}$と表示し、**「循環小数」**といいます。

次に循環小数、0.333…を分数に直す作業をしてみましょう。

まず求める分数をxとして、$x=0.333\cdots$と表示します。

小数点第一位から繰り返すので、xを10倍した場合を考えます。その下にxの等式を連立方程式のような式の並べ方をしてみてください（215ページの【図1】参照）。
①から②を引くと$9x=3$となり、$x=\frac{3}{9}=\frac{1}{3}$となります。
手品を見ているようで不思議ですね。

「1＝0・9999…」って、本当?

1＝0・9999…となることを証明してみましょう。

循環小数0・9999…をaと置き換えます。

a＝0・9999…です。

次にaを10倍します。10a＝9・999…となるので、
この数値からaをひくと9a＝9になります。

9a＝9という方程式を解くと、a＝1となり、1＝0・9999…であることが証明できます。

循環小数と分数の意外な関係とは?

どんな循環小数も、ちょっとした計算の工夫をするだけで、分数に直すことができます

図解 分数を小数にすると「珍現象」が起こる

0.162162…を分数に直してみる

求める分数をxとする

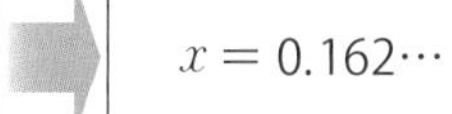

まずxを10倍してみます

$10x = 1.62162\cdots$ → Aの式

$x = 0.162162\cdots$ → Bの式

〔A－B⇒＝小数点以下が不揃いになっています〕

次にxを1000倍してみます

$1000x = 162.162162\cdots$ → Cの式

$x = 0.162162\cdots$ → Dの式

C－D⇒$999x = 162$　$x = \dfrac{162}{999}$

$\dfrac{162}{999}$ →（9で約分）$\dfrac{18}{111}$ →（3で約分）$\boxed{\dfrac{6}{37}}$

このようにして計算することにより、循環小数0.162162…は、分数$\frac{6}{37}$になることがわかります！

9 分数を使うと「小数のわり算」も簡単！

◆「わり算」解き方のコツ②

「リボンを1.5m買ったら代金は360円でした。このリボンの1mの値段は何円ですか？」という問題を解いてみましょう。

この設問は、「1.5で360なので1ならどうなる？」という問題と同じですね。求める式は360÷1.5となります。

この計算は左ページの【図①】の方法で解くとわかりやすいと思います。それぞれの数を10倍しても、求める答えが変わらないというのがポイントです。

同じような方法で、22・5÷1・5も計算することができます。「22・5÷1.5」の22・5と1.5をそれぞれ10倍します。

すると225÷15という式に変化します。これを計算すれば225÷15＝15となります。

図解 頭の回転が速くなる「計算法」

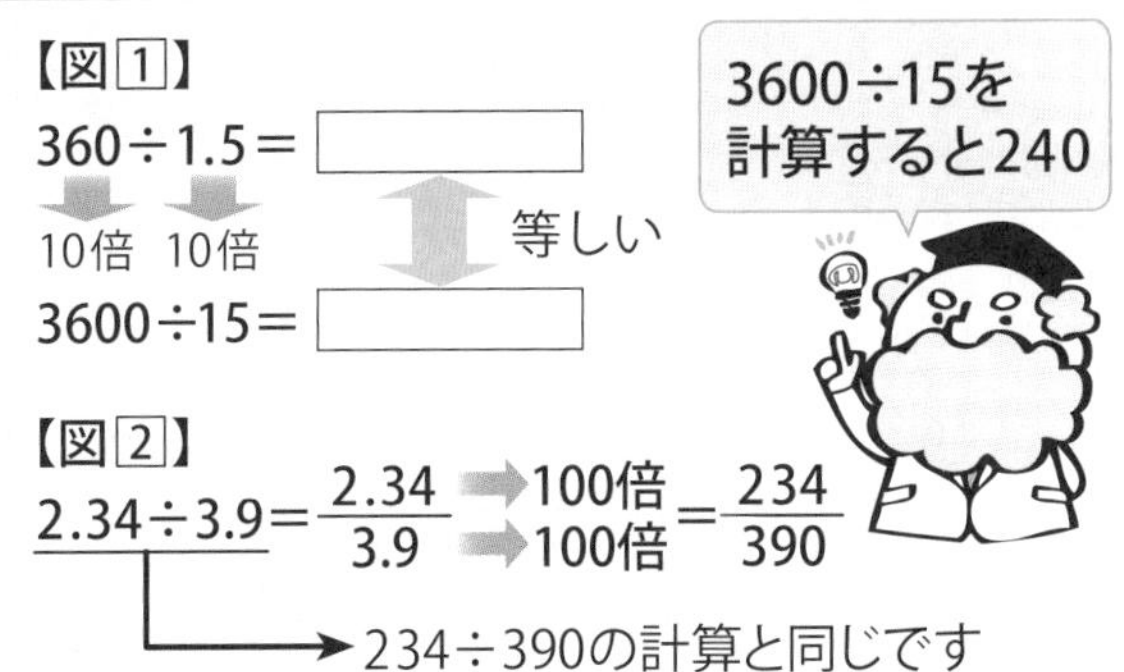

次に「2・34÷3.9」という計算をしてみます。今度は2・34と3.9をそれぞれ分数に変えて計算してみましょう。

2・34を整数にするため、分母と分子にそれぞれ100をかけます。【図2】のような計算になります。

分数を利用すると、小数のわり算を簡単に計算することができます。このようにして考えると、小数同士のわり算はなぜ、小数点をずらして計算するのかということがわかってきます。

「計算ミス」を防ぐコツ

「リボンを1.5m買ったら代金は360円

でした。このリボンの1mの値段は何円ですか？」の問題は線分図を使い、視覚的かつ直感的な発想でも解くことができます。

左ページの【図3】をご覧下さい。0.5mを線分上にとると1.5mは0.5mが3つ分です。3つ分で360円なので、1つ分は360÷3＝120円。1mは0.5mが2つ分なので、120円×2＝240円、答え240円。小数のわり算をしなくても解けてしまいました。

小数同士のわり算では、小数点の移動で計算を間違ってしまう人がいます。

しかし、このように小数を分数に変えたり、それぞれの数に10や100をかけて計算をすれば、小数点の移動を間違えることなく計算することができます。

計算は工夫次第でミスを防げるのです。

分数で計算ミスを防ぐ法とは？

小数の計算は分数に直して計算すると、小数点がずれるなどのうっかりミスを防げます

図解 分数を使うと「小数のわり算」も簡単!

【図3】

リボンを1.5m買ったら代金は360円でした。このリボンの1mの値段は何円ですか?

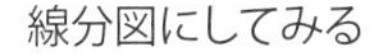

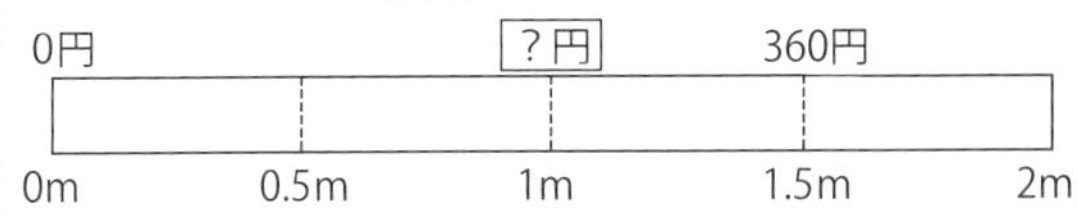

〔「1.5で360なので1ならどうなる?」と同じ問題〕

線分図を使ってみると、計算をせず視覚的に答えを導き出すことが可能になります

0.125×0.125の計算をしてみる

$$\begin{array}{r} 0.125 \\ \times\ 0.125 \\ \hline \end{array}$$

計算するのがかなり面倒

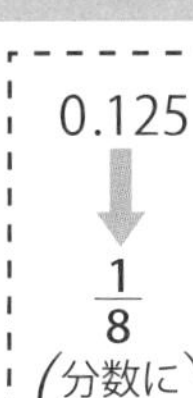

$$\frac{1}{8}\times\frac{1}{8}=\frac{1}{64}$$

答え $\frac{1}{64}$

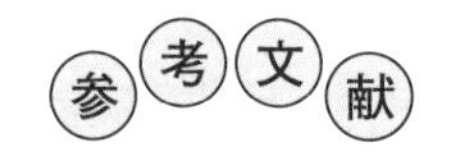

数学を嫌いにならないで（ダニカ・マッケラー著／岩波書店）
数の大常識（秋山仁 監修／ポプラ社）
算数おもしろ大事典（学習研究社）
算数がたのしくなるおはなし（桜井進 著／PHP研究所）
思わず教えたくなる数学66の神秘（仲田紀夫 著／黎明書房）
生活に役立つ高校数学（佐竹武文 編著／日本文芸社）
マンガ・数学小事典（岡部恒治 著／講談社）
小学生でも知っておくべき！ 数学のはなし（白石拓 監修／辰巳出版）
はじめて読む数学の歴史（上垣渉 著／角川ソフィア文庫）
読む数学記号（瀬山士郎 著／角川ソフィア文庫）
親子で学ぶ中学受験の算数（小宮山博仁著／新評論）
面白いほどよくわかる小学校の算数（小宮山博仁 著／日本文芸社）
面白いほどよくわかる数学（小宮山博仁 著／日本文芸社）
眠れなくなるほど面白い 図解 数学の定理（小宮山博仁 監修／日本文芸社）
眠れなくなるほど面白い 図解 統計学の話（小宮山博仁 監修／日本文芸社）

本書は、本文庫のために書き下ろされたものです。

小宮山博仁（こみやま・ひろひと）
1949年生まれ。教育評論家。放送大学非常勤講師。日本教育社会学会会員。50年前に塾を設立。1997年から東京書籍グループで、「学ぶことが楽しくなる」高校受験主体の塾を運営。2005年より学研グループの学研メソッドで中学受験塾を運営。学習参考書を多数執筆。最近は活用型学力やPISAなど学力に関した教員向け、保護者向けの著書、論文を執筆。

著書や監修書に『塾の力』（文春新書）、『塾─学校スリム化時代を前に』（岩波書店）、『大人に役立つ算数』（角川ソフィア文庫）、『子どもの「底力」が育つ塾選び』（平凡社新書）、『「活用型学力」を育てる本』（ぎょうせい）、『はじめてのアクティブラーニング　社会の？（はてな）を探検』全3巻（童心社）、『眠れなくなるほど面白い　図解　数と数式の話』『眠れなくなるほど面白い　図解　数学の定理』『眠れなくなるほど面白い　図解　統計学の話』（以上、監修／日本文芸社）、『持続可能な社会を考えるための66冊』『危機に対応できる学力』（以上、明石書店）など多数。

知的生きかた文庫

世界一役に立つ　図解　数と数字の本

監修者　小宮山博仁
発行者　押鐘太陽
発行所　株式会社三笠書房
〒一〇二─〇〇七二　東京都千代田区飯田橋三─三─一
電話〇三─五二二六─五七三四〈営業部〉
〇三─五二二六─五七三一〈編集部〉
https://www.mikasashobo.co.jp
印刷　誠宏印刷
製本　若林製本工場

ISBN978-4-8379-8820-5 C0130

世界一役に立つ 図解 論語の本

山口謠司

仕事・人間関係……「どうすればいいか？」の答えは孔子の言葉の中にある！　まっすぐ、しっかりと生きるためのヒント満載！　人生がとても豊かになる一冊。

世界一役に立つ 図解 経済の本

神樹兵輔

日本の安い賃金などの「経済問題」からインフレとデフレといった「経済の基本」まで、経済のツボがわかると、お金に強くなる！　頭も収入もよくなる本。

なぜかミスをしない人の思考法

中尾政之

「まさか」や「うっかり」を事前に予防し、時にはミスを成功につなげるヒントとは——「失敗の予防学」の第一人者がこれまでの研究成果から明らかにする本。

できる人の語彙力が身につく本

語彙力向上研究会

あの人の言葉遣いは、「何か」が違う！「舌戦」「仄聞」「鼎立」「不調法」「鼻薬を嗅がせる」「半畳を入れる」……。知性がきらりと光る言葉の由来と用法を解説！

時間を忘れるほど面白い 雑学の本

竹内 均【編】

1分で頭と心に「知的な興奮」！　身近に使う言葉や、何気なく見ているものの面白い裏側を紹介。毎日がもっと楽しくなるネタが満載の一冊です！

C50473